アカオオハシモズの社会

山岸　哲
［編著］

京都大学学術出版会

Social Organization of the Rufous Vanga

*

Satoshi Yamagishi (ed.)

Kyoto University Press, 2002

ISBN4-87698-440-9

目　次

写真・描画，提供者一覧

（アルファベット順）

浅井芝樹	口絵Ⅰ-9，口絵Ⅰ-11，口絵Ⅰ-14，口絵Ⅱ-2，図5-1
コンサベイション・インターナショナル	口絵Ⅰ-4
金尾恵子	第Ⅲ部扉，口絵Ⅲ-1
増田智久	表紙写真，口絵Ⅰ-6，口絵Ⅰ-8，口絵Ⅰ-12 b・c・d・f，口絵Ⅰ-15，口絵Ⅱ-5
森　哲	図2-13
中村雅彦	口絵Ⅰ-10，口絵Ⅰ-12 a，図8-1
瀬川也寸子	口絵Ⅰ-13
浦野栄一郎	第Ⅱ部扉，図5-3
和田　勝	口絵Ⅱ-6
山岸　哲	第Ⅰ部扉，口絵Ⅰ-1，口絵Ⅰ-2，口絵Ⅰ-3，口絵Ⅰ-5，口絵Ⅰ-7，口絵Ⅰ-12 e，口絵Ⅱ-1，口絵Ⅱ-3，口絵Ⅱ-4，口絵Ⅱ-7，図2-2，図2-3，図2-9，図2-10，図2-11，図2-12，図2-14，図3-2，図3-3，図3-4，図3-5，図5-2，図5-5，図8-2，図8-3

アンピジュルアの森

The Ampijoroa Field Station

森の入り口，アンピジュルア村の子供たち．

a

b

c

口絵 I-1　同一の巣に通ってきた3羽のアカオオハシモズ.
a：若オス(ピンク縞々),
b：成オス, c：成メス.

口絵 I -2　朝霧が昇る新緑のアンカラファンツィカ厳正保護区.

口絵 I -3　ボアをかついだドイツ人大学院生 Elen さん.

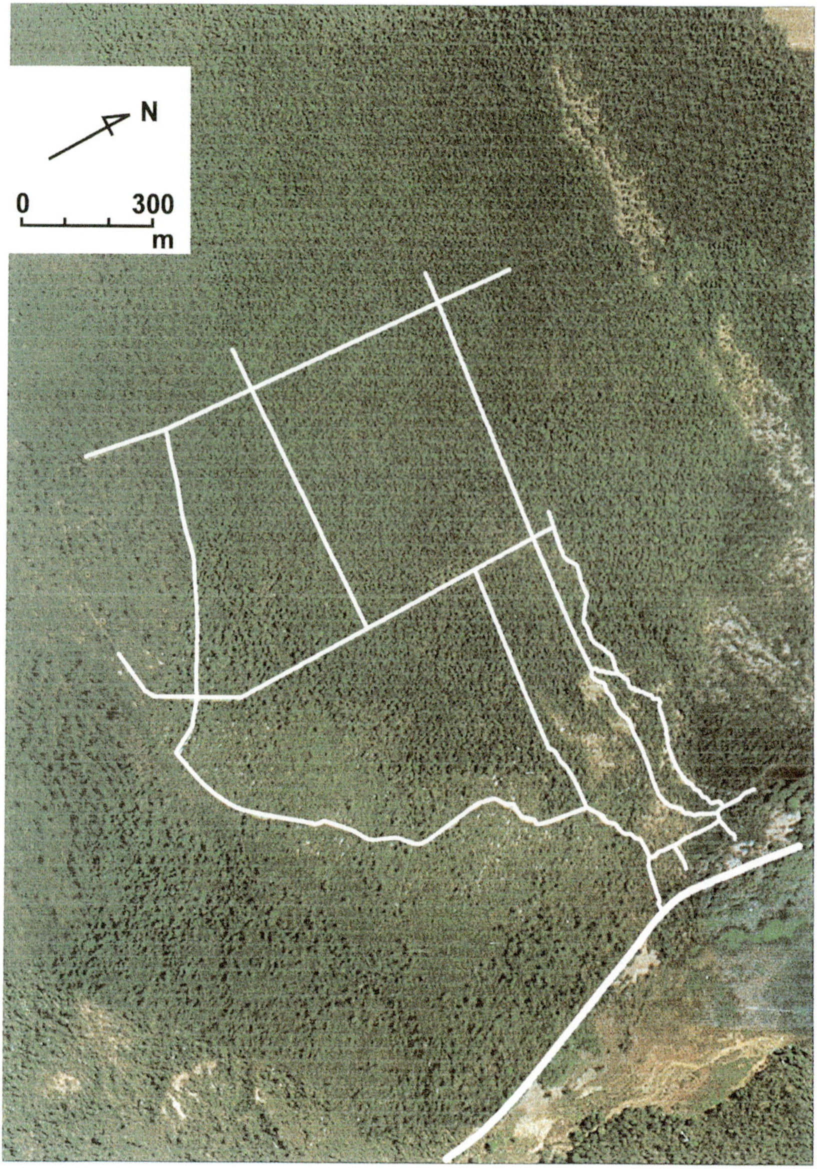

口絵 I -4　調査地ジャルダン A の航空写真．主な道は図 2-4 のそれと一致する（コンサベイション・インターナショナル提供）．

口絵 I -5　落葉広葉樹林の調査地内部．

口絵 I -6　ラベルベ湖畔で休むナイルワニ．

口絵 I -7　ラベルベ湖畔で洗たくをしたり，釣りをする村人　竿を使わず糸だけで釣る．

口絵Ⅰ-8　斑点オス（1才）のなかにはかなり黒っぽいものもいる.

口絵Ⅰ-9　仲良くよりそうオス（左）とメス（右）.

口絵Ⅰ-10　ジャルダンAで繁殖するシロノドオオハシモズ.

a

b

c

口絵 I-11 アカオオハシモズの頭部と喉．
a：1才（斑点）オス，b：2才以上（成）オス，c：メス（Yamagishi *et al*. 2002より）．

口絵 I -12　混群劇団の主役たち．
a：ルリイロオオハシモズ　b：マダガスカルオウチュウ
c：マダガスカルサンコウチョウ　d：ニュートンヒタキ
e：テトラカヒヨドリ　f：マダガスカルオオサンショウクイ

口絵 I -13　寄らばアカオオハシモズの群れ．

繁殖期のアカオオハシモズは，猛禽類やキツネザルなどの天敵が周辺に現れるやいなや，真っ先に警戒声を発し，ときには，一団となって果敢に追いかけ回すことさえある．このアカオオハシモズの捕食に対する防衛能力が，混群の他のメンバーたちにとっては大きな魅力となり，「寄らば大樹の陰」と一方的について回っているのだと考えられる．

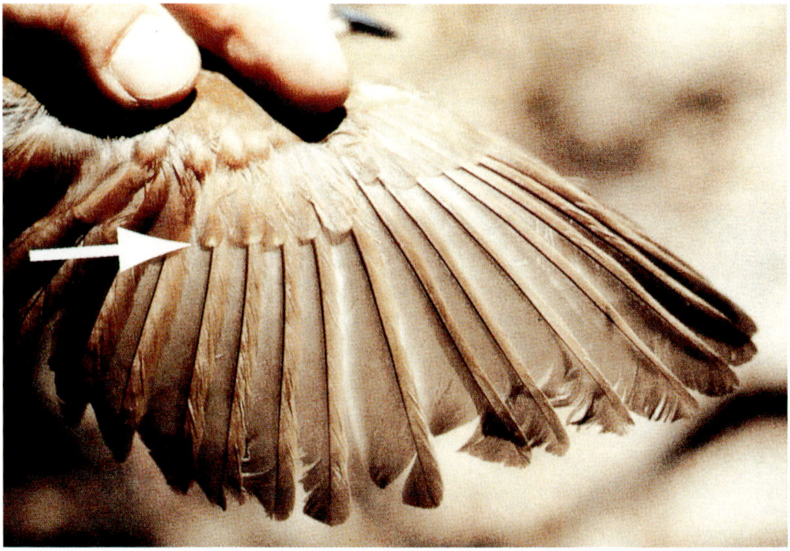

口絵 I -14　大雨覆のバフ色の先端（矢印）は１才であることを示す．

口絵 I -15　孵化後７日目前後に雛はカラーリングをして個体識別する．

研究の発端

Prologue

山岸　哲 *Satoshi Yamagishi*

『鳥類和名辞典』[1] に従って，片カナで「アカオオハシモズ」と書いてしまうと，どこで区切ってよいのか，また何のことか読者にはほとんど分からないだろう．漢字で書くと「赤大嘴鵙」だ．この呼び方がふさわしいかどうかは，後ほど第8章で吟味するとして，本書の主役は「大きなくちばしをした，赤色のモズ」ということになる．

1991年10月から翌1992年2月まで，私と浦野栄一郎さん（当時大阪市立大学研究生）はマダガスカル島北西部の港町マハジャンガから100キロメートルほど南東に位置するアンピジュルアで過ごしていた（図2-1参照）．滞在目的はオオハシモズ類の適応放散の研究だった（文部省科学研究費補助金，海外学術研究，研究代表者山岸哲，No. 01041079）．この年，マダガスカルは政情不安で外務省から渡航自粛の警告が発せられていた．これに従うかどうかの対応は大学によってまちまちで，共同研究者の九州大学の江口和洋さんは泣く泣く日本にとどまっていたのである．

そんなある日，アカオオハシモズ *Schetba rufa* のひとつの巣を観察していたときのことだった．巣に餌を運んできて雛に給餌し，その後に雛を抱いていたオス親（口絵 I-1b）とメス親（口絵 I-1c）の他に，驚いたことにもう1

羽の鳥が餌をくわえてやってきた（口絵Ⅰ-1 a）．世界に鳥類はおよそ9000種存在するが，その9割以上は雌雄で子育てをする一夫一妻だから，最初は，私たちも自分の目を疑ったものだった．その鳥は首から喉にかけて，ちょうどオスの黒色前垂れ部分が黒い斑点で覆われ，雌雄の成鳥よりやや小ぶりであった．

この斑点鳥の仕事を見ていると，雛に餌を運ぶことの他に，なわばり防衛に加わったり，捕食者に対する警戒に当ったり，稀に巣づくりに手を貸していた．斑点鳥がしない（というより，させてもらえないように見えた）仕事は，抱卵，抱雛だった．こうしたことから，すべての繁殖活動を行う成鳥のオスとメスが繁殖ペアで，斑点鳥はヘルパーと呼ばれる「お手伝いさん」であろうと判断した．また，斑点鳥は黒斑の出る範囲がオスの前垂れ部分と一致すること，および体がやや小さいことから，オスの若鳥であろうとそのとき推察したのである．

繁殖ペアに，付加個体（ヘルパー）がつく繁殖システムを協同繁殖と呼ぶが，こうした現象は今から50年以上も前にすでに気づかれていた．アメリカ人のF. Skutchは1935年に「巣におけるヘルパー」と題する論文を『米国鳥学会誌（Auk）』に投稿している[2]．彼はこの論文で，3種類の鳥（チャイロカケス *Psilorhinus morio*，クロミミヤブガラ *Psaltriparus melanotis*，サボテンミソサザイ *Campylorhynchus megalopterus*）について，こうした習性が見られると報告している．論文のタイトルにいきなりヘルパーと書いたことからも分かるように，彼は付加個体がペアを助けていると最初から信じていたようだ．いわゆるヘルパーの行動は，自己を犠牲にして他個体の利益を図るという点で「利他行動」であると解釈されてきた．研究者も含めて，「人は利他的であるべきだ」と思い込んでいる（または，思い込みたがっている）私たち人間は，「やはり鳥でも利他的か」と意を強くしてきたのである．

1965年ごろから，「社会生物学」が世界を席巻し，ダーウィンを悩ませていた，社会性昆虫のワーカーの進化が，Hamiltonによって包括適応度の概念で説明されたことから[3]，そのアナロジーとして鳥類のヘルパーの進化が多くの研究者の興味を惹くことになった．その結果，Skutchから半世紀を経て，今では300種に近い種類で協同繁殖が認められている．それらの研究の多くは，ヘルパーの働きが繁殖ペアの繁殖成功度を高めているという血縁淘汰のシナリオで説明されてきた．

しかし，詳細な研究が増えるにつれて，最近ではヘルパーの手助けが，これまで信じられてきたほど繁殖成功の向上に本当は寄与していないというケースも増えてきている．それでは，アカオオハシモズではどうなっているのであろうか．私と浦野さんは，その年，この鳥の繁殖システムを予備調査してみたのである．15グループを調べてみた結果，およそ半数の8グループに，1羽以上のヘルパーがついていることが確かめられた[4]．この鳥では，ヘルパーがつく繁殖，すなわち協同繁殖が普通に起こっていたのである．そこで，できる限り多くの鳥を捕獲して，カラーリングによる個体識別を施して帰国し，本調査の機会を待つことにした．私たちが発見したアカオオハシモズのヘルパー第1号には，両足に「ピンク縞々」のカラーリングが二つずつつけられたのである（口絵Ⅰ-1a）．

本書は，この予備調査をもとに，その後2回にわたり科学研究費補助金（文部省科学研究費補助金，国際学術研究，研究代表者山岸哲，No. 06041093と文部省科学研究費補助金，基盤研究(A)(2)，研究代表者山岸哲，国1169118）を得て本格的に展開された「オオハシモズの社会進化」の中から，「アカオオハシモズの社会」について，本プロジェクトに参加していただいた研究者たちに分かりやすく書き下ろしてもらったものである．

引用文献

1）山階芳麿（1986）世界鳥類和名辞典．大学書林．東京．

2）Skutch, A. F. (1935) Helpers at the nest. Auk 52: 257–273.

3）Hamilton, W. D. (1964) The genetical evolution of social behaviour. I. II. J. Theor. Biol. 7: 1–52.

4）Yamagishi, S., Urano, E. and Eguchi, K. (1995) Group composition and contributions to breeding by Rufous Vangas *Schetba rufa* in Madagascar. Ibis 137: 157–161.

アカオオハシモズの棲む森 アンピジュルア

The Ampijoroa Forest, inhabited by Rufous Vangas

水田　拓 *Taku Mizuta*

2.1　アンカラファンツィカ厳正自然保護区とアンピジュルア村

マダガスカルの首都アンタナナリヴから国道4号線を北西へ約450キロメートル，荒涼とした起伏が連なる中央高地を越え，サバンナのような西部乾燥地帯に入ってさらに進むと，眼前に緑の濃い森林が現れる．ここがアンカラファンツィカ厳正自然保護区である（図2-1，口絵I-2）．広さは6万520ヘクタールと，マダガスカル国内に八つある厳正自然保護区の中で最大の面積を有する．厳正自然保護区とは，学術的に貴重な動植物の存在が確認され，それらの保護を目的に指定された地域のことであり，調査・研究以外の目的で立ち入ることは禁止されている．私たちがアカオオハシモズ *Schetba rufa* を中心とする鳥類の研究を継続的に行っているのは，このアンカラファンツィカ厳正自然保護区の中にあるアンピジュルア森林ステーション（2万ヘクタール）と呼ばれる地域である．

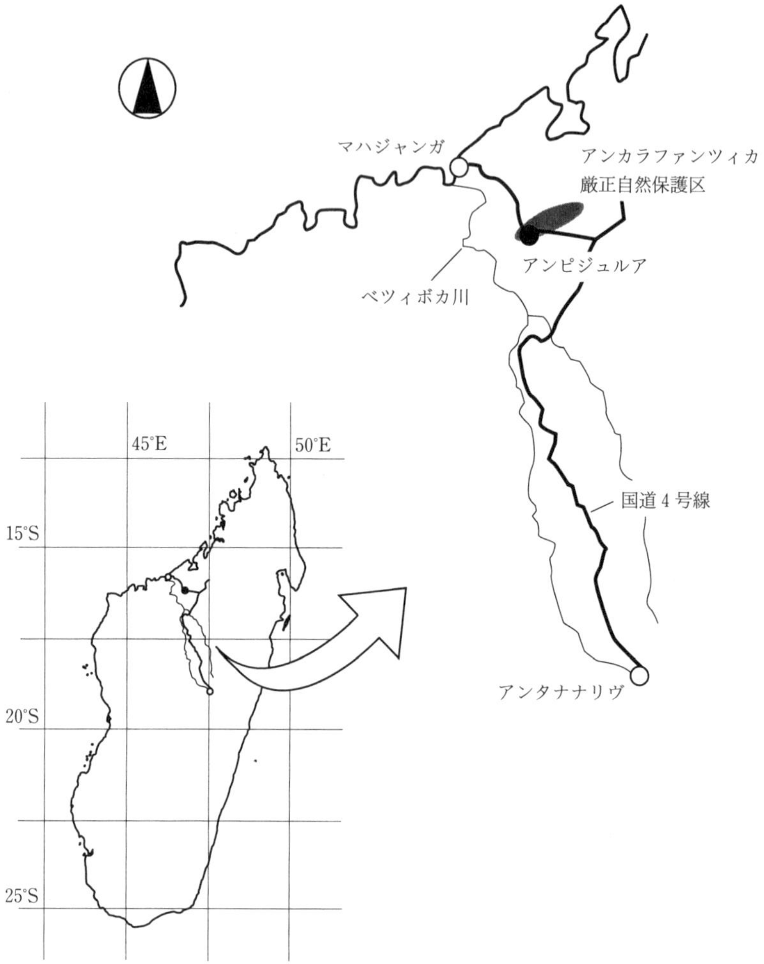

図2-1　マダガスカルの地図と首都アンタナナリヴから調査地アンピジュルアまでの行程.

アンピジュルア森林ステーションはアンカラファンツィカのほぼ真ん中を貫く国道4号線に隣接している．この森林ステーションは1999年まで非政府組織（NGO）であるコンサベイション・インターナショナル（CI）によって管理・運営されていた．またアメリカ合衆国政府の海外ボランティア組織「ピース・コープ」から派遣された若者もCIの運営を手伝ってエコ・ツーリズムの体制が整えられた．2000年以降，アンピジュルア森林ステーションの管理はCIからマダガスカルの公園管理協会（アンギャップ，ANGAP）の手に移っている．

森林ステーションには，アンギャップの管理棟の他，研究者のための宿泊棟が用意されており，水洗トイレやシャワー（もちろん水だが）室も備わっている（図2-2）．アンギャップの管理棟には太陽光を利用した発電システムも設置されていて，わずかな電力が職員の業務や夜間の照明に使われている．このように研究環境が整っているため，アンピジュルアには世界各国から多くの研究者が集まってくる．私が滞在した6シーズンだけでも，日本の他にドイツ，スイス，フランス，イギリス，スペイン，アメリカ，ニュージーランドなどの国から様々な動植物の研究者が集まってきていた（口絵I-3）．もちろんマダガスカル国内の研究者や大学院生も多数調査に来ており，森林ステーションはちょっとした国際研究者村といった雰囲気がある．

前述した通り，厳正自然保護区へは調査・研究以外の目的で立ち入ることは禁止されているが，アンカラファンツィカではこのアンピジュルアに限り，許可を申請すれば観光客も立ち入ることができる．国道に面した入り口を通り抜けるとすぐに受け付けがあり，訪れた観光客はまずここで入場料を支払うことになっている．アンピジュルアにはホテルなどの宿泊施設はないが，森林ステーション内に観光客用のテントサイトと水洗トイレ，シャワー室が用意されているため，動植物に関心をもつ熱心な観光客がテントを担いで

図2-2　研究者用の宿泊棟.

やってきたり，100キロメートルほど離れたマハジャンガのホテルで日帰りや一泊二日程度のツアーが企画されて団体客が訪れたりしている（図2-3）.

アンギャップはエコ・ツーリズムに力を入れており，森林内に観光用の見学コースをいくつか設置している．地元出身のガイドによる動植物の解説を聞きながら歩くこのコースは，観光客にはおおむね好評のようだ．立派なレストランなどはないが，頼めばステーション近くのアンピジュルア村の人が食事を用意してくれる．米を主食とした素朴なマダガスカル料理で，観光客にはこれも受けている．またステーション内には小さな売店もあり，ビールやジュース，煙草や缶詰めなどちょっとした嗜好品なら手に入れることができる.

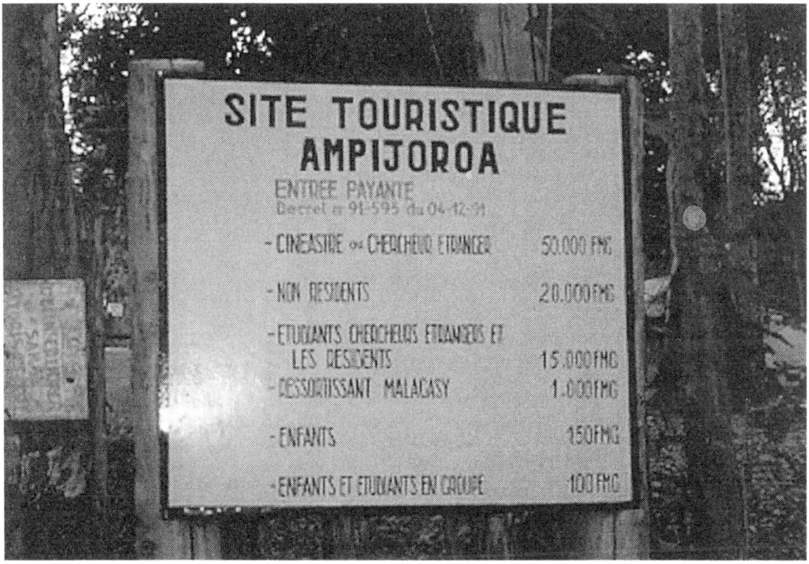

図 2-3 アンピジュルア・ステーション入口の料金表．外国人観光客は約 1000 円である．

アンピジュルア村周辺ではマンゴーやパパイヤ，バナナ，ジャックフルーツ，ライムなど果実のなる植物が栽培されている．観光客用のテントサイトからその北側のラベルベ湖周辺，国道沿いには，ユーカリ *Eucalyptus citriodora* や幹に鋭い刺がありマダガスカル語でワニの木（hazomvoay）の名前をもつ *Hura crepitans* など，背が高く幹も太い樹木が目立つ．これらの木は，次に述べる乾期から雨期への移行期には幹や枝の含水量が急激に増加するためか，大きな枝が折れて落ちてくることが多い．

2.2　アカオオハシモズの調査地

アカオオハシモズの調査地は，これらの森林ステーションの施設の西側，森の中を標高にして50〜100メートルほど登ったところにあるジャルダン・ボタニークA（以下ジャルダンA）と呼ばれる約450×550メートルの方形区とその周辺である．ジャルダンAの中は小道が碁盤の目状に通っており，動物の調査を行うのに適している．またそのまわりにも小道があり，地図をもっていれば森林内での現在地を特定することができる（図2-4，口絵Ⅰ-4）．調査する対象動物によっては，調査地はジャルダンAだけでなく，ステーションの施設周辺やその北側のアンピジュルア村，ラベルベ湖，国道4号線沿いにも拡大される．

マダガスカル西部の気候は，一年のうち雨期と乾期がはっきりと分かれている．アンピジュルアで1996年からとっているデータを見ると，年によって異なるが，雨期は10月下旬から12月初旬の間に始まっていることが分かる（図2-5）．乾期の間は日中の気温は35°C以上になるが，明け方は15°C近くまで下がり，一日の気温差が大きい．雨期に入ると雲が多くなり陽射しが遮られるため最高気温は乾期ほど上がらず，また最低気温もいくぶん高くなる．湿度は，乾期の間は20〜60パーセントと乾燥しているが，雨期に入ると60〜90パーセント以上と高くなる．

アンカラファンツィカ厳正自然保護区一帯は石灰岩質のカルスト高原で，ゆるやかな起伏や平地が続いた森林である．植生の大部分は落葉乾燥樹林に属する．ジャルダンAを中心とするアンピジュルアの調査地も落葉乾燥樹林

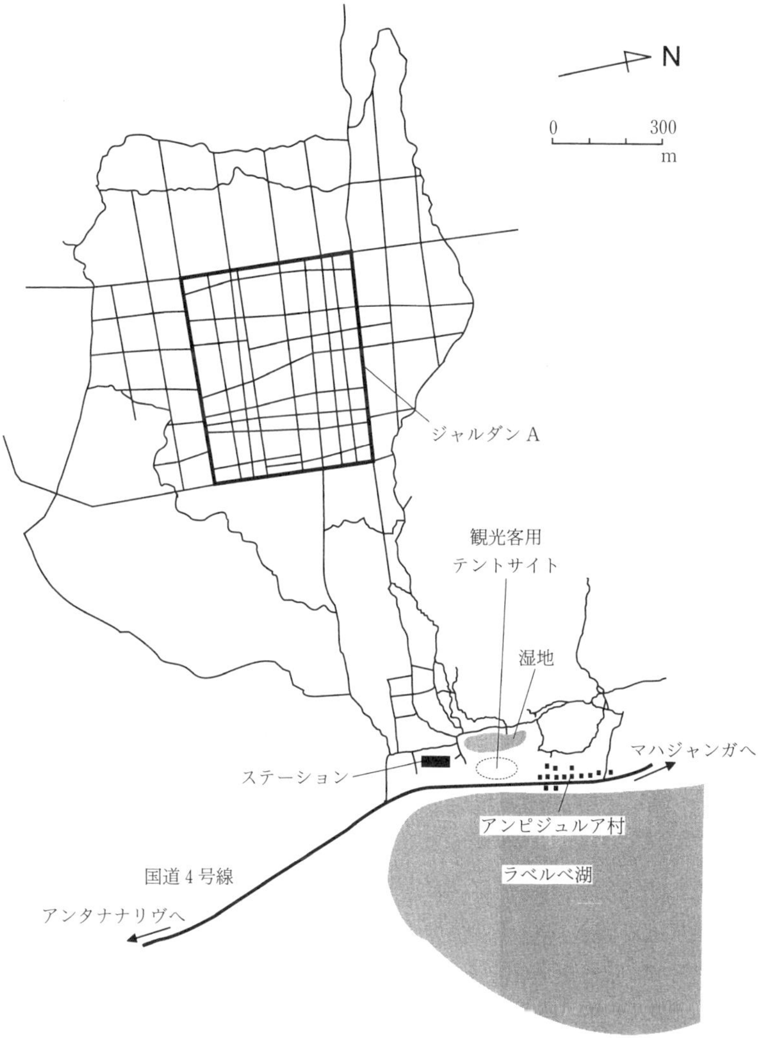

図2-4　アンピジュルア森林ステーションの地図

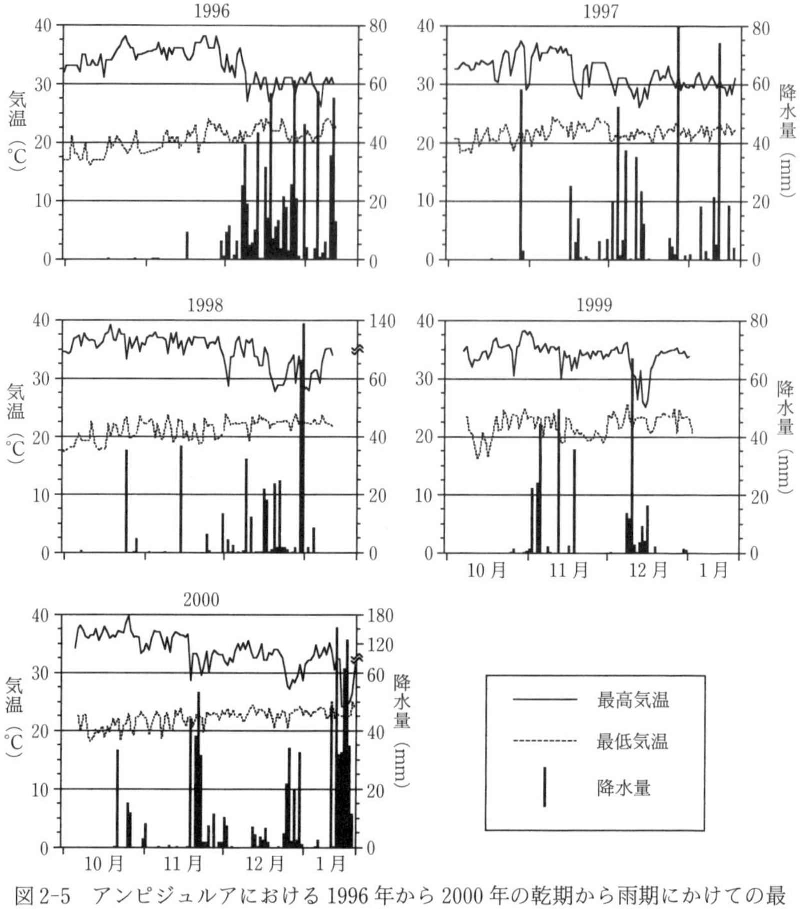

図 2-5　アンピジュルアにおける 1996 年から 2000 年の乾期から雨期にかけての最高気温・最低気温と降水量の変化．1997，1998 年と 2000 年は水田の個人的データによる．また 1996 年は U. Thalmann，A. Müller の，1999 年は浅井芝樹のデータによる．

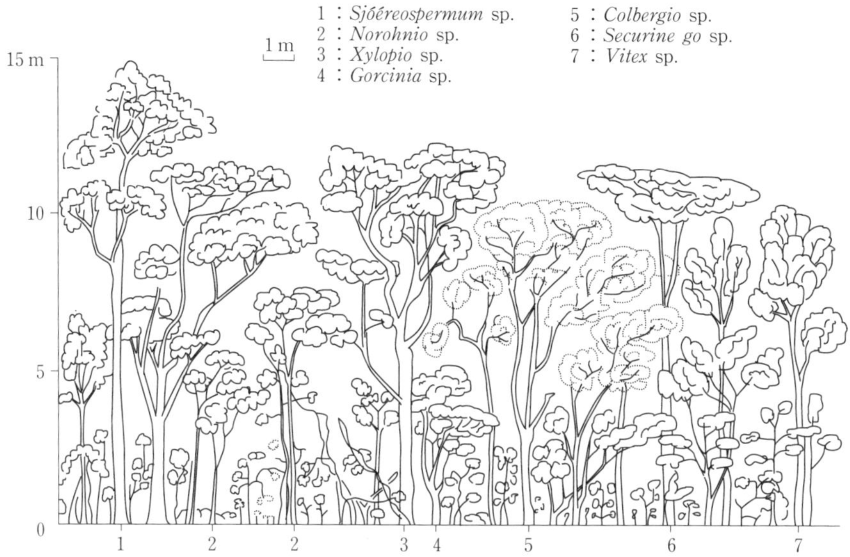

図 2-6　アンピジュルアの森林構造断面図 (Razafy 1987[1]を改変)

であり，樹冠部は 10〜15 メートルほどとあまり高くない (図 2-6)．樹の高さの平均は 12 メートルほどであり，人間の胸の高さで測った樹の直径も 5 センチメートル以下の細い樹が多い (表 2-1，口絵 I-5 と II-1 参照)．森林内の植被の垂直分布を見ると，林床には下生えが少なく，また樹冠部も割合空いていて，5 メートルくらいの高さが最も植物に被われている (図 2-7)．乾期である 4 月から 10 月ごろまでは，多くの樹木が葉を落として見通しのよい森になるが，雨期に入り雨が降ると新芽がのび始め，緑は日を追うごとに濃くなっていく (口絵 I-2，I-5)．12 月頃には樹木の葉によって森の中の視界は格段に悪くなる．植物は 56 科 151 種が記録されている．ツル性の植物は少なく，大部分は木本性である．

表2-1　ジャルダンA林内の胸高直径別の樹木の本数（Hino投稿中[2]）

直径（cm）	本数/ha
1 - 5	23294.1
5 - 15	3455.5
15 - 30	336.1
30 -	53.8
	27139.5

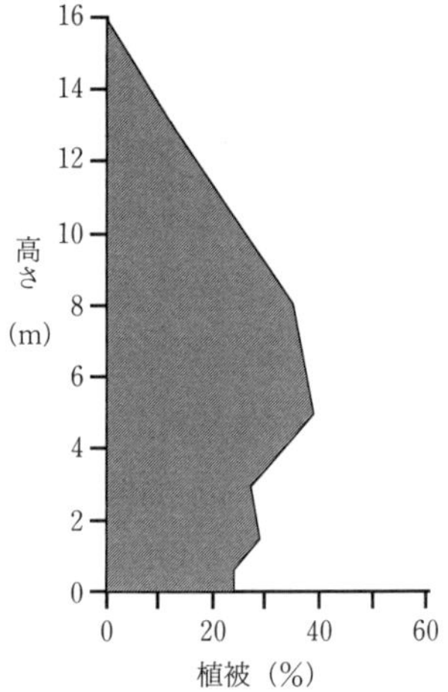

図2-7　ジャルダンAの森の植被の垂直分布（Hino投稿中[2]）．
樹高は最大16 mで，ほとんどの木は12 m以下．胸高直径15 cm以下の細い木が多く，日本でいえば初期の二次林的な林相．下層植生は一部密なところがあるものの，全体にまばらで歩きやすく，植被も4 mから10 mのあいだに集中していて，樹冠を利用する鳥の行動追跡が容易．

ジャルダンA周辺の土壌は白っぽい砂質であり，樹木の根はあまり深く張っておらず，大雨や強風のときには大きな樹木でも倒れてしまうことがある．

研究施設やアンピジュルア村周辺の森林もジャルダンA周辺とよく似ているが，過去に火が入っているためか，ジャルダンAと比べて樹高が低く，低木のヤブが多い．この辺りの土壌はジャルダンA周辺とは異なり赤土である．

2.3 アンピジュルアの鳥たち

私たちが1994年から継続的に行っている調査の期間中に，アンピジュルアでは86種の鳥類が確認されている (44ページ，本章付表参照)．このうち27種はラベルベ湖とその周辺で見られた鳥であり，それ以外はジャルダンAを中心とした森林で観察されたものである．

科別に見ると，最も種数が多いのはサギ科とタカ科で，それぞれ11種が確認されている．サギ科の鳥は全てラベルベ湖で観察されたものである．タカ科の鳥は森林内やラベルベ湖周辺など，アンピジュルアの広い範囲で見ることができる．

本書の主役アカオオハシモズを含むオオハシモズ科は，この科の半数にあたる7種がアンピジュルアで確認されている．スズメ目の科で最も多くの種数が見られているのがこのオオハシモズ科であり，マダガスカル国内で見事に適応放散した本科の特徴[3]を，アンピジュルアの落葉乾燥林でも見てとることができる (第8章参照)．

これらのうちで，特にシロノドオオハシモズ *Xenopirostris damii* はアンカラファンツィカ厳正自然保護区でしか見ることのできない鳥である（口絵Ⅰ-10）．棲息範囲が狭いため，シロノドオオハシモズはオオハシモズ科の中でも最も希少で絶滅の恐れのある種であると考えられている[4]．本種の生態についてはまったく分かっていなかったが，アンピジュルアにおける私たちの最近の調査によって，その基本的な繁殖生態が明らかになった[5]．

カッコウ科5種のうち同属のジカッコウ3種（ニシジカッコウ *Coua coquereli*，アカボウシジカッコウ *C. ruficeps*，カンムリジカッコウ *C. cristata*）は同所的に棲息しており，鳥類の適応放散を考える上で興味深い種群である．これら3種の比較研究によれば，同じ森林内でも利用空間や採餌方法がそれぞれの種で少しずつ異なることが分かっている[6]．

ムナジロクイナモドキ *Mesitornis variegata*，キイロマミヤイロチョウ *Philepitta schlegeli* なども，アンカラファンツィカ以外では国内の数か所でしか棲息が確認されていない希少な種である[4]．

このようにアンカラファンツィカは，数多くの鳥類が独自のニッチ（生態的地位）を占めて生活しており，また珍しい鳥類の多いマダガスカルの中でも，特に希少な種が棲息する地域である．アンピジュルアはこれら希少種を含む鳥類を比較的容易に観察することのできる貴重な森林なのである．こうした鳥たちの姿は，日本語とマダガスカル語で書かれた『マダガスカル鳥類フィールドガイド』[7] で，居ながらにして眺めることができる．

2.4　鳥たちの繁殖期

アンピジュルアで観察された鳥類の多くはここで繁殖を行っている．繁殖とは，自身の子を残すために行う交尾，造巣，産卵，抱卵，育雛などの一連の行動のことである．多くの鳥類では，一年のうちで繁殖を行う時期は決まっており，この時期のことを繁殖期という．鳥類の繁殖期は，至近的にはホルモンなどの内的要因によって決まっているが，自分自身の体を維持したり雛を確実に育てるための餌量，捕食者の数，気温や降水量の変化など，外的な要因にも大きく影響を受けている．ではアンピジュルアで見られる鳥類の繁殖期はどのような外的要因に影響を受けているのだろうか．

アンピジュルアで観察されたオオハシモズ科をはじめとする鳥類の繁殖時期を図2-8に示す．ここで示されているのはこの地域で繁殖する鳥類の一部に過ぎないが，多くの種は11月～12月を中心に繁殖していることが分かる．11月，12月は雨期に入って雨が頻繁に降るようになる時期で，昆虫や小型脊椎動物の数や活動量が増え，多くの鳥類にとっては餌が豊富になる．繁殖には多大なエネルギーが必要となるため，餌が豊富なこの時期に繁殖を行う鳥類が多いのだろうと考えられる．

オオハシモズ科の鳥類では，乾期の終わりである9月下旬から10月中旬に繁殖期が始まり，雨期が本格化してほどんど毎日のように雨が降る1月上旬から中旬には繁殖が終了している（図2-8）．雨期には餌となる生物は増えるが，毎日降るとなると餌の獲得が難しくなったり雛を温めるのに多くの時間を費やさなくてはならなかったりとコストも多くなるので，繁殖個体数は減

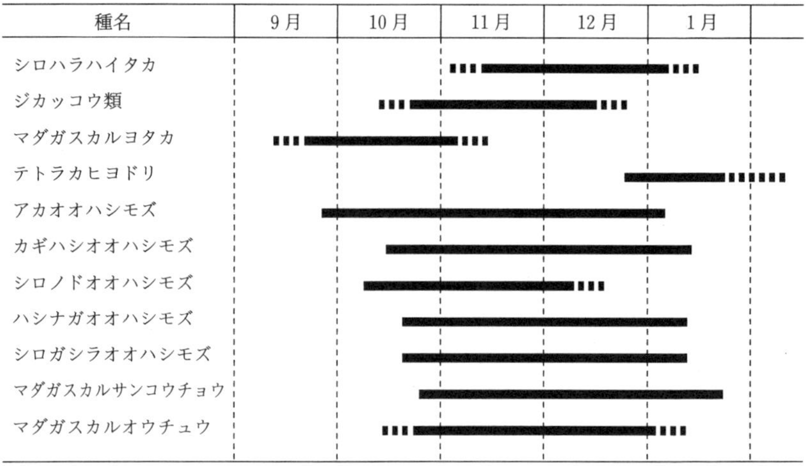

図2-8　アンピジュルアで観察された主な鳥類の繁殖期. 点線は繁殖の開始・終了の時期が不確実な場合を示す.

少していくのだろう. アカオオハシモズの繁殖がこの時期に終了する理由については第5章で詳しく述べられている. 本書で述べられるアカオオハシモズの生態調査は, 彼らの繁殖期を十分含むように, 通常9月下旬から1月上旬まで, 毎年行われてきた.

私が調査しているマダガスカルサンコウチョウ *Terpsiphone mutata* の繁殖期は, オオハシモズ科より少し遅れて10月下旬から始まる (図2-8). マダガスカルサンコウチョウは飛翔性昆虫を主な餌としているが, これらの昆虫は雨の降る頻度が高くなると多く発生するため, 本種の繁殖は雨が確実に降り始める10月下旬以降に開始されているのだと考えられている[8]. 同じアンピジュルアでも, ジャルダンA周辺に比べてステーションやラベルベ湖周辺ではマダガスカルサンコウチョウの繁殖開始時期が早い. 後者の地域は前者に比べて水辺に近く, 早い時期から多くの飛翔性昆虫が発生していることが確認されている．この昆虫の発生時期と発生量の違いが，地域間の繁殖開始時期の違いを生じさせる原因となっているのだと考えられる．

シロハラハイタカの餌には鳥類の雛も含まれている．本種の繁殖時期ははっきりと調査されたわけではないが，12 月には巣において抱卵・育雛を行っていることが分かっている (図 2-8)．この時期に繁殖するのは，他の鳥類の雛の出現と合わせるためなのかもしれない．

図 2-8 で示した鳥類の中で，特に注目したいのはマダガスカルヨタカ *Caprimulgus madagascariensis* とテトラカヒヨドリ *Phyllastrephus madagascariensis* の繁殖期である．マダガスカルヨタカは他の鳥類より早く，9 月にはすでに繁殖を始めている．一方テトラカヒヨドリは他の鳥類の繁殖が終わろうとする 12 月下旬に繁殖を開始している．なぜこの 2 種の繁殖開始時期は他の種とこれほど異なっているのだろうか．

マダガスカルヨタカはほとんど巣らしいものを作らず地面の上に卵を産む．本種の親は全身が枯れ葉のような目立たない褐色をしているが，それにしても地面の上で抱卵・育雛するのは無防備である．地上には林床を移動しながら餌を探索するヘビ *Leioheterodon madagascariensis* がいて，このヘビに見つかった場合，卵や雛は食べられてしまうだろう．抱卵・育雛中の親自身も捕食される危険がある．しかし，この種を含めたヘビ一般の出現個体数が多くなるのは，雨が頻繁に降るようになる 11 月頃である．マダガスカルヨタカは，自分自身や卵・雛にとって脅威となるこのヘビが出現する前に繁殖を終了するために，他種の鳥類より早く繁殖を開始しているのではないだろうか．

テトラカヒヨドリは謎の多い鳥である．この鳥はアンピジュルアの森にはごく普通にいる鳥で，集団で採餌しているのをよく見かける．しかしそれほどたくさんいるにもかかわらず，テトラカヒヨドリが繁殖している現場をこれまで一度も見たことがなかった．どの鳥が作ったのか分からない古巣が森林の下層部で数多く発見されており，これがテトラカヒヨドリの巣であろうと考えられていたが，この巣が実際に使われているところは見たことがなかったのだ．それが，2000年の12月の末に，アンピジュルア村の子どもたちが「鳥の巣を見つけた」と教えてくれたので見に行ってみると，果たしてテトラカヒヨドリが例の巣で抱卵していたのである．本種の繁殖が，他種の鳥では繁殖が終了に近づくこの時期に開始されることが，こうして確認された．ではなぜ本種の繁殖開始はこんなに遅いのだろうか．テトラカヒヨドリの採餌方法をよく観察してみると，森林の下層部や中層部で，木の幹や薮の中を動きまわり，餌である昆虫を見つけると長いくちばしでつまみとるようにして食べていることが分かる[9]．この独特の採餌方法が，雨の降る時期には有効になるのかもしれない．つまり，雨が降ると昆虫は薮の中や葉の裏に隠れてしまう．本種の採餌方法はこのように隠れた昆虫を探しだすのには都合がよいのではないだろうか．雨が降っているときに採餌効率が上がるとすれば，本種の繁殖期が雨期が本格化する12月下旬から開始されることを矛盾なく説明できるのである．

このように鳥類の繁殖は，気温や降水量といった環境要因とともに，餌や捕食者となる他の生物の生活史とも密接に関連している．したがって鳥類の繁殖生態を研究するためには，その種だけでなく他種との関係を明らかにしながら進めていくことが重要だろう．

2.5　ワニの棲む湖，ラベルベ湖

アンピジュルア森林ステーションの北方，国道4号線を挟んだ反対側にラベルベ湖がある．広さは30ヘクタールほどで，鳥類をはじめ多くの生物の棲息場所となっている．

表2-1で見たように，ここには多くのサギ類が棲息しており，浅瀬で餌を獲っているのが観察される．また湖畔の森にはマダガスカルウミワシ *Haliaeetus vociferoides* が営巣しており，枝にとまって湖を見下ろしたり，2メートルもある翼を広げて飛翔したりする姿が見られる（図2-9）．マダガスカルウミワシはマダガスカル最大の猛禽類で，また世界で最も希少な猛禽類であるとも言われている．

湖畔にある樹高の高いユーカリの木はハシナガオオハシモズ *Falculea palliata* の集団ねぐらとなっている．集団ねぐらとは，同種の複数個体が夜間

図2-9　ラベルベ湖畔にすみついているマダガスカルウミウシ．

の寝場所として使うある一定の空間のことであり，オオハシモズ科ではハシナガオオハシモズ，シロガシラオオハシモズ *Leptopterus viridis*，チェバートオオハシモズ *Leptopterus chabert* が集団ねぐらを利用する習性をもっている．ハシナガオオハシモズは一年を通して同じ木を集団ねぐらとして使っていると考えられ，同一のねぐらをチェバートオオハシモズも利用している．10月中旬から12月上旬までは集団ねぐらを利用するハシナガオオハシモズの個体数が減少するが，これは繁殖を行うつがいがそれぞれ繁殖なわばりをもってねぐらから離れるためである．したがってこの時期に集団ねぐらを利用しているのは繁殖していない個体（非繁殖個体）であると考えられる．非繁殖個体は日中も集団で広い範囲を移動し採餌している．12月半ばからは繁殖個体およびその年に生まれた幼鳥が集団ねぐらに参加するようになり，ここを利用する個体数は急激に増加する[10]．

ラベルベ湖にはナイルワニ *Crocodylus niloticus* も棲息している．日中，水辺の砂浜や草原にナイルワニが数個体横たわっているのをよく見かける（口絵Ⅰ-6）．私たち自身も，ステーションのシャワー室が工事中で使えないときにはよく湖で水浴びをしていた．夕方，暮れていく空を見上げながら湖に浸り，汗やほこりを流すのは気持ちよいが，沖合をナイルワニが悠然と泳いでいるのを横目に見ながらではなんとなく落ち着かない．水浴びをする際には水面をバシャバシャ叩いてワニを怖がらせてから入るとよいと言われているが，それでもラベルベ湖では人間がワニに襲われたという話を数年に一度は聞く．調査で鳥の巣探しを手伝ってくれたアンピジュルア村の少年ナンガ君もワニに嚙まれたことがあるらしく，背中にはその傷跡が残っていた．そして，2000年10月には森林ステーションのツアーガイドの一人がラベルベ湖でナイルワニに食い殺されるという痛ましい事故も起こった．私たちも上述のようにラベルベ湖でよく水浴びをしていたものだから，この話は他人事とは思えず恐ろしかった．ラベルベ湖のナイルワニは年々凶暴になってきていると人々は言う．しかし本当にそうなのだろうか．

私が初めてアンピジュルアを訪れた1994年には，ラベルベ湖では網を使って魚を獲るのはタブーとされているという話を聞いた．実際，網ではなく釣り竿を用いて腰まで水に浸かりながら魚釣りをする人たちの姿をよく見かけたものだ（口絵Ｉ-7）．しかし最近では網を使って魚を獲る人も増えているという．ここから先は私の想像であるが，人間が網を用いて大量の魚を獲るようになった結果，ナイルワニの餌となる魚の量が減ってしまったのではないだろうか．ワニは仕方なく水辺に近づく人間を襲うようになった，と考えれば，ワニが年々凶暴になっているという話とつじつまが合うのではないか．マダガスカルには先祖から伝わるタブーが数多くあることが知られているが，それらのタブーの中には，人間の生活が生態系のバランスを崩さないようにするための英知が含まれているものもあるのかもしれない．人間の営みによって生態系を攪乱しないことが，結果として人間がその生態系の中で安心して暮らしていくためには重要であるということを，マダガスカルの人たちがタブーを設定することで実践してきたのだとしたら，それは現在私たちが「自然保護がなぜ必要か」ということを考える上で，ひとつの答えを提供してくれる話ではないだろうか．

ラベルベ湖にはワニだけではなく人魚も住んでいる，という．これは共同で研究をしているチンバザザ動植物公園の研究員ジュリアンさんから聞いた話である．初めは何か珍しい動物の名前と聞き違えたかと思ったが，彼は確かにマーメイド，人魚だと言う．ラベルベ湖は淡水なので，人魚と見間違えられたというジュゴンなどの海棲哺乳類でもない．正真正銘の人魚である．ジュリアンさんは正義感の強い熱心な鳥類研究者であるが，ときどきこのようなミステリアスな話を真面目な顔で語ってくれる．ある日の夕方，彼は湖のそばを散歩していた．ふと見ると水辺にある枯れ木の上に人魚が座って体を洗っている．人魚は彼に見られていることにすぐに気づき，驚いた様子で素早く水の中に潜ってしまった．ジュリアンさんは，ラベルベ湖の地下には人魚の都市があって多くの人魚が生活していると言う．人魚が地上に出てくることは稀で，自分が見ることができたのは非常にラッキーだった……．

人魚はともかくとして，ラベルベ湖には森林とは異なる種構成の生態系が存在している．そして，森林と比べると人間や家畜がその生態系に恒常的に関与していることが，この湖の大きな特徴である．周辺に住む人たちは，飲料水から洗濯まで生活用水の多くをこの湖に依存している．湖岸には2か所ほど桟橋がかけられ，水くみや洗濯がやりやすいようになっている．また湖から流れ出る小川に沿って水田が作られており，湖の水は農業用水としても利用されている．水辺の草原には，マダガスカルの人々にとって財産であるゼブ牛が放牧されている（図2-10）．特に雨期に入って草原が青々と茂ると，ゼブ牛は草をたらふく食べて背中のこぶを見事に盛り上がらせるようになる．ときどき泥だらけになったゼブ牛を見かけることがあるが，これは岸辺の泥の中で転げまわった跡なのだろう．さらに湖で獲れる魚類は，周辺に住む人たちの貴重なタンパク源となっている．このようにラベルベ湖は野生動物だけでなく人間にとっても大切な湖となっているのである．水田では人が働き，水辺では牛がのんびりと草をはみ，水鳥は餌を探して浅瀬を歩いている．ワニが泳いでいるところが決定的に異なるが，ラベルベ湖の風景は日本の里山のそれと通じる部分もあり，眺めていると妙に懐かしい気分にさせてくれるのである．

図 2-10　ラベルベ湖畔で草をはむゼブ牛．

2.6　研究者たちの生活

最後にアンピジュルア森林ステーションで調査を行っている研究者の日常生活の一端を紹介しよう．

前述のように調査地には立派な宿泊施設が完備されている．調査期間中はここを利用して生活するのだが，困ったことにこの施設はよく改築工事がなされる．その上工事の進行は遅くなかなか終わらない．調査の始まりから終わりまでずっと工事中，という年も少なくない．そういうときは，施設の部屋を使うことができないのでテント生活をすることになる．4か月間テント生活をするというと大変そうに聞こえるが，テントを使用するのは寝るときだけなのでさほど不便でもない．実際には一日の大半を屋外で過ごしており，調査に出かけていない間，データ整理などの作業をしたり，休憩したりする場合は，宿泊施設の軒下やビニールで作った屋根の下に置かれたテーブルを利用している．したがって寝るとき以外はほぼ一日中外気に触れていることになり，建物の中で過ごすことの多い日本での生活とはずいぶん違った生活を送っていることを実感する．

一日の過ごし方は調査の対象種によって決まる．対象種の活動時間に合わせて研究者の活動時間も決定されるのである．多くの鳥類は夜明けから行動を開始するので，鳥類の研究をする場合，朝は非常に早い．辺りがまだ薄暗い5時前に起きだして調査を開始する．日中，気温が高くなると鳥はあまり動かなくなるので，真昼の暑い時間帯は調査には出ず，日陰で昼寝をしたりして過ごす．夕方にもう一度調査に行き，暗くなる前に終える．朝が早い分夜寝るのも早くなり，早寝早起きの健康的な毎日を送ることになる．

食事はアンピジュルアの村の人を雇って三食作ってもらうことができる．私たちはアンピジュルアで一番のツアーガイドと言われるジャッキーさんの奥さん，マダム・ジャンに料理を頼んでいた．マダム・ジャンは大変働き者で，多いときには10人近くになる調査隊の食事を文句も言わず作ってくれる．よく意外に思われるが，マダガスカルの主食は米である．マダガスカルの人たちは一回の食事で驚くべき量の米を食べる．洗面器いっぱい，と表現しても大袈裟ではないほどだ．一人当たりの米の消費量が世界一多いと言われるのもうなずける．米はもちろん日本のものとは違うが，東南アジアで見かける長粒米ほどぱさぱさしておらず，日本人の口にはあう．この米に肉か魚のおかず，野菜サラダ，それに食後の果物といったところが，マダム・ジャンの出してくれる標準的な食事である．おかずの主なメニューには，牛肉と豆のスープ，ラヴィトゥトゥと呼ばれる豚肉と細かく刻んだキャッサバの葉を煮込んだ料理，フライドチキン，テラピアの空揚げなどがあり，それぞれおいしいが，残念なことにメニューの数はあまり多くはない．長期間滞在する私たちは，一週間もすれば一回りするメニューにいささか飽きてしまう．サカイと呼ばれる小さな辛いトウガラシが調味料として食卓に用意されている．お茶というか，食事の際の飲み物ラヌ・アパングはマダガスカル独特のもので，これはご飯を炊いた釜についたお焦げに水を加えてそのまま煮立たせたものである．香ばしくてこれもなかなかおいしい．果物は安価で大切な嗜好品である．バナナやマンゴーでも季節や買う場所によって品種が異なり，それぞれ食べ比べするのも楽しい．ビタミンが不足しがちの生活なので，果物は非常に重宝する．

調査が忙しくないときには一週間に一度くらい休みをとるが，このような日には，アンピジュルアから国道4号線を南東に4キロメートルほど行ったところにあるアンドラナファシカという村まで散歩がてら買い物に出かけることもある．ここでは毎週水曜日に市が立ち，朝から近隣の村の人たちで賑わっている．特に買うものがなくても市をぶらぶらと見て歩くのは楽しい．ハエがたかる肉屋や魚屋，色彩の豊かな野菜・果物屋，こまごましたものを並べる雑貨屋，怪しげな偽ブランドを置く洋服屋，自転車の部品屋，空き瓶や空き缶を並べて売るタヴァンギ（瓶）屋，ランバ（布）屋，漢方薬のようなものを売る薬屋等々．生活に必要なものから，こんなもの何に使う？　と疑問に思うものまで，ありとあらゆる品物が市には並んでいる．暑さに疲れたら村の食堂に入って冷たい飲み物を飲み，タクシー・ブルース（乗り合いバス）に乗ってアンピジュルアまで帰る．

アンドラナファシカで買えないようなものを手に入れるとき，あるいは銀行で両替をしたいときなどは，車で2時間ほど走った海辺の街マハジャンガまで出かける．ここはマダガスカルでも大きな街のひとつで，海に近いためか開放的な雰囲気がある（図2-11）．この街には日本のマルハ株式会社とマダガスカル政府が共同出資してできた合弁会社「ソマペシュ」があり，ここの日本人駐在員の方々には荷物を日本から輸送してもらったり手紙を届けてもらったりと大変お世話になっている．またマハジャンガにはおいしい中華料理屋やピザ屋，アイスクリーム屋などもあり，それらの店に立ち寄ることも，2時間かけて出かけけてくる目的のひとつである．

前述したようにアンピジュルアには様々な国から研究者が集まってくる．お互い調査対象は異なるが，同じ地域で調査を行っているので，時には情報交換をしたり調査の進み具合を話し合ったりもする．他の調査隊や自分たちが帰国する際にはお別れパーティーを開催したりもする（図2-12）．パーティーは，マダム・ジャンをはじめ村の人に料理を作ってもらい，ビールやジュースを大量に仕入れてきて，アンギャップの職員や村の人たちも招待して楽しむ一大イベントである．料理を一通り食べ終わった後には必ずダンスが始まる．ラジカセでマダガスカルのダンスミュージックを音が割れるほどの大音量で鳴らし，大人も子どもも，時には相当の年齢と思われるおばあさんまでもが，音楽に合わせて独特のステップで踊る．マダガスカルの人たちは歌も踊りもうまい．小さな子どもが見事なステップで踊る様を見たときには本当に感心したものだ．外国から来た研究者もマダガスカルの踊りを教えてもらい，ダンスパーティーは夜が更けるまで続く．

図2-11　マハジャンガの交差点に生えるアフリカバオバブ *Adansonia grandidieri* の大木．

楽しそうなことばかり書いたが，日常生活はもちろん楽しいことばかりではない．アンピジュルア滞在中の大部分は，基本的に毎日同じことを繰り返す調査の連続で，娯楽も少ないため単調な日々を過ごしている．慣れない水にお腹をこわしたり，カやアブ，水分を求めて顔のまわりに何十匹と集まってくる小さなミツバチに悩まされたり，日中の暑さや降り続く雨を恨んだりしながら，調査の進展に一喜一憂する毎日である．マラリアに罹って苦しんだ人も，私たちの調査メンバーだけでも数人いる（図2-13）．マダガスカルで調査することをうらやましがられることは多い．しかし調査というものは，マダガスカルに限らずどこでもそうだと思うが，地味で根気のいる作業なのである．

アンピジュルアはこの10年間で大きく変化している．1990年に山岸哲さんと当時学生だった中村雅彦さんが日本人として初めて鳥類の調査に訪れたときには，研究施設はなく，テント生活で食事の用意も鶏をさばくところから自分たちでしたと聞いている．研究施設が整うにつれて訪れる研究者の数が増えてきたし，観光客の受け入れ態勢が積極的に整えられて観光客の数も急増している．森に入る人間が多くなることで，そこに棲息する生物が迷惑を被ることのないよう，私たちは最大限の注意を払わなければならない．外

図2-12　国際研究者村の隊員の誕生日やお別れにはパーティーが開かれる．

国人が多く訪れることで，おそらくアンピジュルアの村の人たちの森に対する意識も変わってきていることだろう．アンピジュルアは今後国立公園になるかもしれないという話もある．森の周辺に住む人たちをはじめ，アンギャップ職員や研究者，観光客を含めて，関係者全員でこの貴重な森林を維持していくことを考える必要があるだろう．

「アンピジュルア」という地名は“fijoroana”という単語からきている．“fijoroana”とは「joroを行う場所」という意味であり，“joro”は「神と聖なる生存者および祖先に対して祝福を求める祈願の儀式」[11] のことである．つまりアンピジュルアは「聖域のある場所」ということになる．確かにラベルベ湖の北側のほとりにはこの“joro”を行う一角がある（図2-14）．ここを

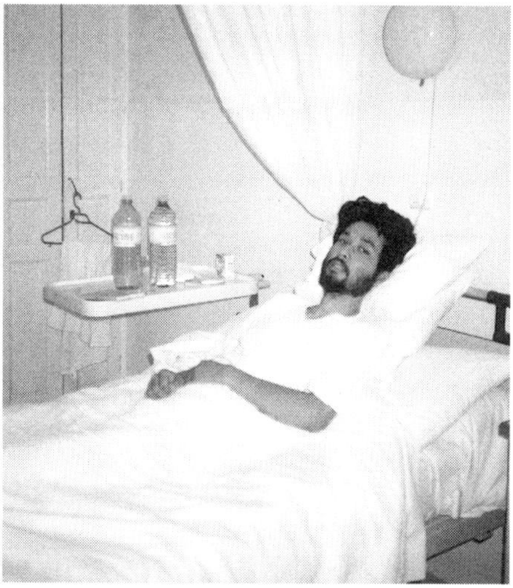

図2-13 重度のマラリアで首都の病院に入院した浅井隊員．アンタナナリブにはこんな立派な病院がある．

図2-14　祖先に対して祝福を求める祈願の儀式がラベルベ湖畔で行われる．柵の中にゼブー牛が追い込まれ，と殺されてワニに捧げられる．

含む湖一帯が，周辺の人たちにとっては神聖な場所とされていたのであろう．国土の森林の90パーセント以上が人間の活動によって消失しているマダガスカルで，ここアンピジュルアにまとまった森林が残ったのは，人々が神聖な場所に近いこの森を切り開くことをためらったためかもしれない．これからもアンピジュルアの森が，人間だけでなくアカオオハシモズをはじめとする生物たちにとっても文字通り聖域として認識され，残っていくよう願いたい．

引用文献

1) Razafy, F. L. (1987) La Réserve Forestière d'Ampijoroa: Son modèle et son bilan. Mémoire de fin d'études, Université de Madagascar.

2) Hino, T. (submitted) Bird community in a dry forest of western Madagascar. Ornithological Science.

3) Yamagishi, S. and Eguchi, K. (1996) Comparative ecology of Madagascar vangids (Vangidae). Ibis 138: 283-290.

4) Langrand, O. (1990) Guide to the Birds of Madagascar. London: Yale University Press.

5) Mizuta, T., Nakamura, M. and Yamagishi, S. (2001) Breeding Ecology of Van Dam's Vanga *Xenopirostris damii*, an Endemic Species in Madagascar. J. Yamashina Inst. Ornithol. 33: 15-24.

6) Urano, E., Yamagishi, S., Andrianarimisa, A. and Andriatsarafara, S. (1994) Different habitat use among three sympatric species of couas *Coua cristata*, *C. coquereli* and *C. ruficeps* in western Madagascar. Ibis 136: 485-487.

7) 山岸哲編著 (1997)『マダガスカル鳥類フィールドガイド』海游舎，東京.

8) Mizuta, T. (2002) Seasonal changes in egg mass and timing of laying in the Madagascar Paradise Flycatcher *Terpsiphone mutata*. Ostrich. 73 (1& 2): in press.

9) Eguchi, K., Yamagishi, S. and Randrianasolo, V. (1993) The composition and foraging behaviour of mixed-species flocks of forest-living birds in Madagascar. Ibis 135: 91-96.

10) Eguchi, K., Amano, H. E. and Yamagishi, S. (2001) Roosting, range use and foraging behaviour of the Sickle-billed Vanga, *Falculea palliata*, in Madagascar. Ostrich 72 (3&4): 127-133.

11) 森山工著 (1996)『墓を生きる人々』東京大学出版会，東京.

付表　1994年から2001年の調査時期にアンピジュルアで観察された鳥類

	和　　名	学　　名
	ウ科	
1	アフリカコビトウ	*Phalacrocorax africanus*(R)
	ヘビウ科	
2	アジアヘビウ	*Anhinga melanogaster*(R)
	サギ科	
3	アオサギ	*Ardea cinerea*(R)
4	マダガスカルサギ	*Ardea humbloti*(R)
5	ムラサキサギ	*Ardea purpurea*(R)
6	ダイサギ	*Casmerodius albus*(R)
7	クロコサギ	*Egretta ardesiaca*(R)
8	アマサギ	*Bubulcus ibis*(R)
9	マダガスカルクロサギ	*Egretta dimorpha*(R)
10	カンムリサギ	*Ardeola ralloides*(R)
11	マダガスカルカンムリサギ	*Ardeola idae*(R)
12	ササゴイ	*Butorides striatus*(R)
13	ゴイサギ	*Nycticorax nycticorax*(R)
	トキ科	
14	ブロンズトキ	*Plegadis falcinellus*(R)
15	マダガスカルトキ	*Lophotibis cristata*
	タカ科	
16	コウモリダカ	*Machaeramphus alcinus*
17	トビ	*Milvus migrans*(R)
18	マダガスカルウミワシ	*Haliaeetus vociferoides*
19	マダガスカルチュウヒダカ	*Polyboroides radiatus*
20	シロハラハイタカ	*Accipiter francesii*
21	マダガスカルハイタカ	*Accipiter madagascariensis*
22	マダガスカルオオタカ	*Accipiter henstii*
23	マダガスカルノスリ	*Buteo brachypterus*
24	マダガスカルチョウゲンボウ	*Falco newtoni*
25	ヨコジマチョウゲンボウ	*Falco zoniventris*
26	ウスズミハヤブサ	*Falco concolor*
	カモ科	
27	シロガオリュウキュウガモ	*Dendrocygna viduata*
28	コブガモ	*Sarkidiornis melanotos*(R)

和　　名	学　　名
ホロホロチョウ科	
29　ホロホロチョウ	*Numida meleagris*[R]
クイナモドキ科	
30　ムナジロクイナモドキ	*Mesitornis variegata*
ミフウズラ科	
31　マダガスカルミフウズラ	*Turnix nigricollis*
クイナ科	
32　ノドジロクイナ	*Dryolimnas cuvieri*[R]
33　アフリカムラサキバン	*Porphyrula alleni*[R]
レンカク科	
34　マダガスカルレンカク	*Actophilornis albinucha*[R]
タマシギ科	
35　タマシギ	*Rostratula benghalensis*[R]
チドリ科	
36　ミスジチドリ	*Charadrius tricollaris*[R]
シギ科	
37　アオアシシギ	*Tringa nebularia*[R]
38　イソシギ	*Actitis hypoleucos*[R]
サケイ科	
39　マダガスカルサケイ	*Pterocles personatus*[R]
ハト科	
40　マダガスカルキジバト	*Streptopelia picturata*
41　シッポウバト	*Oena capensis*
42　マダガスカルアオバト	*Treron australis*
インコ科	
43　クロインコ	*Coracopsis vasa*
44　コクロインコ	*Coracopsis nigra*
45　カルカヤインコ	*Agapornis cana*
カッコウ科	
46　マダガスカルホトトギス	*Cuculus rochii*
47　ニシジカッコウ	*Coua coquereli*
48　アカボウシジカッコウ	*Coua ruficeps*
49　カンムリジカッコウ	*Coua cristata*
50　アフリカバンケン	*Centropus toulou*

和　　名	学　　名
メンフクロウ科	
51　メンフクロウ	*Tyto alba*
フクロウ科	
52　マダガスカルコノハズク	*Otus rutilus*
ヨタカ科	
53　マダガスカルヨタカ	*Caprimulgus madagascariensis*
アマツバメ科	
54　ヤシアマツバメ	*Cypsiurus parvus*
カワセミ科	
55　マダガスカルカンムリカワセミ	*Corythornis vintsioides*
56　マダガスカルヒメショウビン	*Ispidina madagascariensis*
ハチクイ科	
57　ルリホオハチクイ	*Merops superciliosus*
ブッポウソウ科	
58　アフリカブッポウソウ	*Eurystomus glaucurus*
オオブッポウソウ科	
59　オオブッポウソウ	*Leptosomus discolor*
ヤツガシラ科	
60　ヤツガシラ	*Upupa epops*
マミヤイロチョウ科	
61　キイロマミヤイロチョウ	*Philepitta schlegeli*
ツバメ科	
62　ムナフショウドウツバメ	*Phedina borbonica*
サンショウクイ科	
63　マダガスカルオオサンショウクイ	*Coracina cinerea*
ヒヨドリ科	
64　テトラカヒヨドリ	*Phyllastrephus madagascariensis*
65　クロヒヨドリ	*Hypsipetes madagascariensis*
オオハシモズ科	
66　アカオオハシモズ	*Schetba rufa*
67　カギハシオオハシモズ	*Vanga curvirostris*
68　シロノドオオハシモズ	*Xenopirostris damii*
69　ハシナガオオハシモズ	*Falculea palliata*
70　シロガシラオオハシモズ	*Leptopterus viridis*
71　チェバートオオハシモズ	*Leptopterus chabert*

和 名	学 名
72 ルリイロオオハシモズ	*Cyanolanius madagascarinus*
ツグミ科	
73 マダガスカルシキチョウ	*Copsychus albospecularis*
ウグイス科	
74 クビワニセムシクイチメドリ	*Neomixis tenella*
75 マダガスカルアシナガヨシキリ	*Acrocephalus newtoni*[R]
76 マダガスカルシマヨシキリ	*Nesillas typica*
77 ニュートンヒタキ	*Newtonia brunneicauda*
カササギヒタキ科	
78 マダガスカルサンコウチョウ	*Terpsiphone mutata*
タイヨウチョウ科	
79 アルダブラタイヨウチョウ	*Nectarinia souimanga*
80 マダガスカルタイヨウチョウ	*Nectarinia notata*
メジロ科	
81 マダガスカルメジロ	*Zosterops maderaspatana*
カエデチョウ科	
82 ヒメシチホウ	*Lonchura nana*
ハタオリドリ科	
83 ニシマダガスカルハタオリ	*Ploceus sakalava*
84 ベニノジコ	*Foudia madagascariensis*
オウチュウ科	
85 マダガスカルオウチュウ	*Dicrurus forficatus*
カラス科	
86 ムナジロガラス	*Corvus albus*[R]

[R] はラベルベ湖周辺で観察された鳥類を示す.

アカオオハシモズを知る

Basic information about the Rufous Vanga

山岸　哲・浅井芝樹 *Satoshi Yamagishi, Shigeki Asai*

3.1　アカオオハシモズを観察する

アンピジュルアの森には，アカオオハシモズがたくさん生息しているので，彼らと出会うことはそれほど難しくない．彼らの声は，3節からなる「クワッ・クワッ・クォー」という尻下がりの声である（図3-1）．この声は森の中で遠くまでよく通る．声を頼りに追いかけて行くと，目線より少し高い，太い木の枝にとまっている姿に出会える．彼らは細い木の枝にはあまりとまらず，そんなに人を恐れる鳥ではないので近づいて観察できる．アカオオハシモズは頭が黒，腹が白，背が赤の三色に塗り分けられた小鳥である．ただアカオオハシモズの「アカ」はそれほど鮮やかなものではなく，枯れ葉色に近い（本書カバー参照）．英名ではRufous Vanga（ルーフォス・バンガ）で，「赤褐色のバンガ（オオハシモズ）」という呼び名はこの鳥によりふさわしい．全長は20センチメートルであり[1]，日本のムクドリよりやや小さい鳥である．図鑑などから

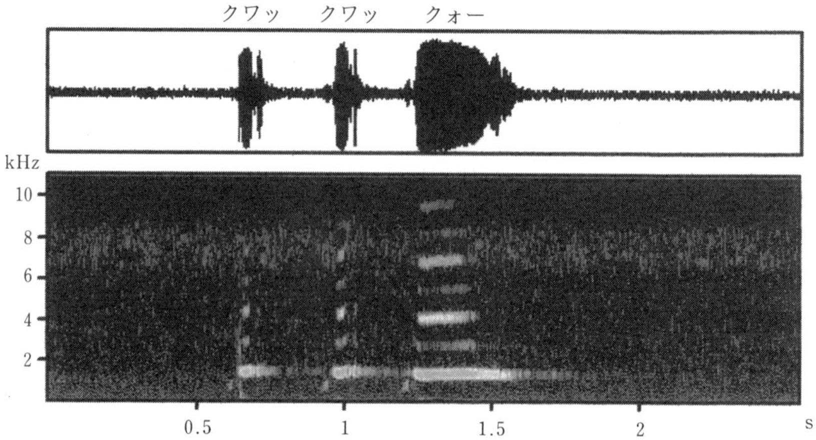

図 3-1　アカオオハシモズの典型的な鳴き声，クワッ・クワッ・クォーの 3 節．（録音：武田由紀夫，ソナグラム作製：本田恵理）

得られる印象では，鮮やかな色彩のように感じるが，森の中では意外と目立たない．

雌雄の羽色ははっきりと違っていて，オスは頭部全体と喉の下から胸のあたりまで黒いが（口絵 I -1 b，I -11 b），メスは目のすぐ下までが黒く，頬，喉から胸にかけては白い（口絵 I -1 c，I -11 c）．1 羽のアカオオハシモズを見つけてしばらく観察していると，ペア相手のもう 1 羽を見つけることができる．喉から胸にかけて黒いオスと，喉から胸にかけて白いメスの一組が，木々の間をすり抜けるように前後してまっすぐに飛んでいく姿を追いかけていくことになるだろう．採餌しながら移動するときは一飛びで大きく移動することはないので，見えなくなった方向に十数メートルも場所を移せば，また仲良く 2 羽が並んでいる姿が見られる（口絵 I -9）．時折，地面にひらりと舞い降りて，地上にいるコオロギやムカデ，サソリなどを捕食する．餌は地上でとることが多いが[2)]，木の上でチョウやガの幼虫も捕るし，セミが出てくる季節に

表3-1　足環を付けたオス雛とその喉の羽色の変化 (Yamagishi et al. (2002)[3]より).

調査年	足環を付けた全雛数	観察されたオスの数					
		1995	1996	1997	1998	1999	2000
1994	14	2	2	2	2	2	2
1995	38		8	7	7	6	3
1996	68			15	12	10	6
1997	53				10	7	7
1998	76					10	7
1999	45						6
Total	294						

網掛け部分は斑点鳥として観察された．それ以外は喉黒鳥である．

なるとセミを食べているのをよく見かける．

ペアを観察しているつもりで追いかけていると，ペアの他に 3 番目の個体，4 番目の個体を見つけることがある．これが第 1 章で紹介したヘルパーである．これらのヘルパーには 2 種類見られ，喉が黒くて明らかにペアオスと同じ羽色をした鳥と斑点鳥 (口絵 I -1 a，I -11 a) である．1994 年から 1999 年までの 6 年間に，巣の中で足環をつけて個体識別した 294 羽の雛の，その後の羽色の変化を追跡してみたところ，翌年 1 才で確認された 51 羽のオスはすべて喉に斑点があったので，斑点鳥は当初の予想通り 1 才オスであることが確認された[3]．1 才のオスは喉が白くメスに似てはいるが，黒い斑点によって野外で見分けることができるのだ．中には，この斑点が広がり，ペアオスのように喉の部分全体が黒っぽい 1 才オスも稀に見られた (口絵 I -8)．これらの斑点鳥は 2 才になると喉が完全に黒くなり，その後は決して斑点鳥に戻ることはない (表 3-1)[3]．本書では，以後，斑点鳥を 1 才オス，喉黒オスを 2 才以上オスとか大人オスと呼ぶことにする．これに対して，メスの羽色は 1 年目のままで変化しない．こうした結論は，次節で述べる足環づけ作業の結果，明らかにできたことなのである.

3.2　脚に名札を

アカオオハシモズの生態，行動を明らかにするためには，いつ，どこで，誰が，どういう行動をしたのかを知らなければならない．例えば，繁殖の手伝いをしているヘルパーはどこからやってきたのだろうか．そのようなことを知るために，調査地内のアカオオハシモズはできるだけ個体識別するようにしてきた．といっても顔だけで誰だか見分けることは無理なので，一羽一羽に色足環（カラーリング）をつける．こうすれば，足環の色を見ることで観察している個体が誰なのかよく分かる．しかし，足環をつけるためには，まずは捕獲しなければならないのである．

捕獲にはカスミ網を用いる．カスミ網とは細い黒糸で編んだ網で，鳥の通り道に垂直に張っておく．鳥が網にぶつかると網のたるみの間にからめ取られる（図3-2）．鳥の捕獲には許可が必要で，日本ではカスミ網の購入に許可が必要である．カスミ網は小鳥の捕獲法としては一般的なものであるが，広い森の中では，鳥はそれほど簡単にはカスミ網にはかからない．捕獲予定の個体を観察して，どのあたりを中心に行動していて，どこをよく横切って飛ぶのかあらかじめ見定めてカスミ網を張る位置を決める．

アカオオハシモズの場合，録音された彼らの声をなわばり内で再生してやると，なわばりへの侵入者を追い払うために，ペアとヘルパーたちが一緒にやってきてスピーカから流れる声のまわりで鳴き騒ぐ．こういった習性を利用して，カスミ網を張った周辺でアカオオハシモズの声を聞かせてやるとう

図 3-2　カスミ網を張って成鳥を捕える．

まく捕獲できることが多い．アカオオハシモズは大変気の強い鳥である．1 羽が捕まったところで網からはずそうとすると，捕まった鳥は大声でわめく．同じなわばりを共有するグループメンバーは結束が強く，その声を聞いて逃げたりはしない．仲間を助けようとでも思うのか，近づいてきてあたりを飛びまわるので，次々と網にかかることになる．

捕獲した鳥は，個体識別用の足環をつけ，体の各部を計測して，翼下静脈から血液を 0.05 ミリリットル採血した後に放す (図 3-3)．個体識別用の足環はプラスチック製で様々な色をしていて，アカオオハシモズの片脚に 2 個つけるようにした．10 種類の色を用意しておけば上で 10 通り，下で 10 通りで片脚の上下で 100 個体を識別できる．右足と左足で違う組み合わせを用いれば 1 万個体を識別できることになるが，いくつかの個体に試した結果，両足

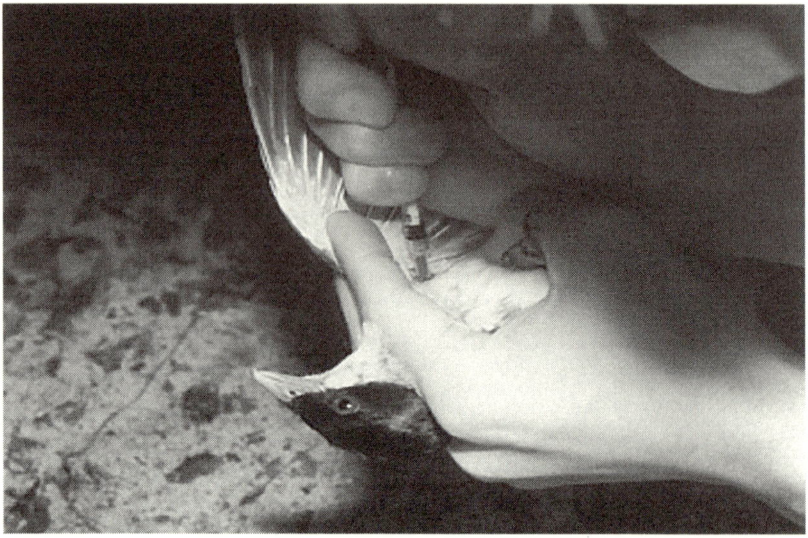

図3-3　翼下静脈から，少量の採血をして，カラーリングをして放鳥する．

を同時に見るのは極めて難しかったので，両足に同じ組み合わせの色環を使うようにし，片足を見ただけでどの個体か分かるようにした．その後，それぞれの個体について色足環の組み合わせで呼ぶようにした．全員に名前をつけたわけである．

捕獲して分かる重要な情報の一つに年齢がある．スズメ目のいくつかの鳥と同じように，1才時の翼の羽色は2才以上の翼の羽色とは異なる．1才の鳥は上面（背面）の色が薄く，翼を構成する羽の一部である大雨覆の先端部に淡色部がある（口絵Ⅰ-14）．だから，喉に斑点模様のないメスでも捕獲すれば1才個体を識別できる．残念ながら，雌雄にかかわらず捕獲した時点で2才以上であった個体の正確な年齢を知ることは今のところできない．

捕獲の際に得られた計測値を表3-2に示す．これをみると，体重を除いてオスの方がメスよりも大きいことが分かる．ここで言う“大きい”というのは統計学的に有意な差があるということである．ただし，1才鳥のふ蹠長では雌雄に差がない．全体としてみると，性的二型があってオスが大きいようだが，最も差の大きい翼長でさえ，3ミリメートル（約3パーセント）の差しかない．また，1才と2才以上の間では翼長と体重には差があるが，他の部位には差がなかった．ということは，アカオオハシモズは1才でほぼ成鳥のサイズに達していると言えるだろう．

図3-4　一本ばしごをかけ，巣から雛を下ろす江口隊員．

今回のアカオオハシモズの研究は繁殖生態を中心に行われたので，巣の発見，観察に特に努力が集中され，子育ての進行状況が毎年それぞれの巣で記録された．生まれた雛がどこへ行くのかは重要なデータなので，孵化後7日前後に巣内雛を取り出し，身体測定をした後に色足環をつけて再び巣に戻した（図3-4，口絵I-15）．その際，DNA による雛の性判定をするために0.05 ミリリットルの採血もしておいた（図3-5）．この作業によって，ほとんどの個体は雛のうちから個体識別され，足環という名札をつけて巣立っていった．カスミ網による成鳥の個体識

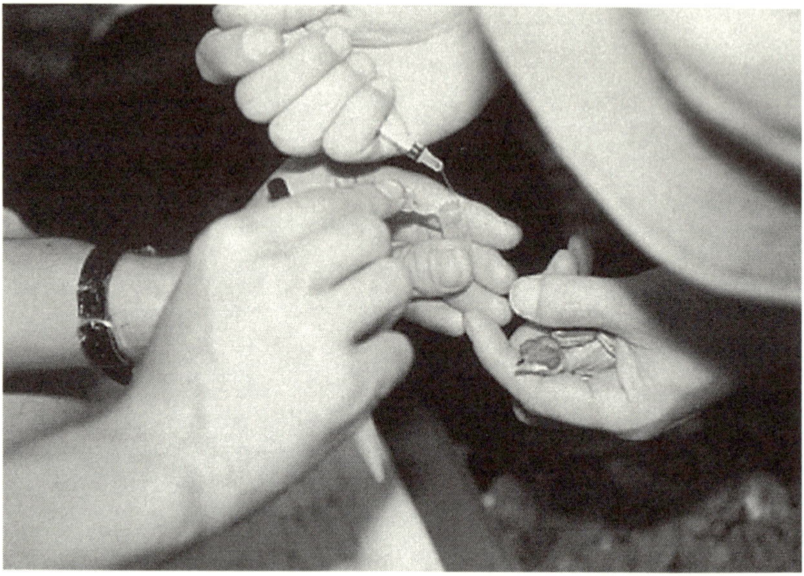

図 3-5　雛から採血する．

別および巣内雛の個体識別のために7年間で足環をつけられた鳥は約500個体になった．この研究はこうして足環をつけて個体識別したところからすべてがスタートしているのである．

3.3　「ピンク縞々」のその後

本書の第1章に述べた，1991年に斑点鳥だった「ピンク縞々」は，翌年は予想通り喉の黒いオスになって，手伝っていたなわばりの隣りで繁殖オスになっていることを，1992年にイギリス人のホーキンスさんが手紙で知らせてくれた．私たちはその年は科研費（文部省科学研究費）が取れなくて日本でくすぶっていたのである．

ようやく科研費が取れて，私たちがマダガスカルを勇躍訪れたのは，1994年のことだった．「ピンク縞々」は，ホーキンスさんが知らせてくれたなわばりでまだがんばっていた．彼はその年すでに4才になっていた．彼のなわばりを私たちはEなわばりと呼んだが，そこには「ピンク縞々」オスと配偶者のメスに，雌雄1羽ずつのヘルパーがついた4羽の群れがいた（図3-6）．繁殖期後期になると，メスのヘルパーはDグループへ移動してしまった．そして，オスのヘルパーは1994年から1995年の非繁殖期の間に，EEなわばりを新たに設立して独立して出て行った．その上，「ピンク縞々」夫婦は1994年の繁殖に失敗したので，翌1995年の繁殖期には，夫婦2羽だけになってしまった（図3-6）．96年になってやっと息子が1羽巣立ち，それが97年には斑点オスになってヘルパーを務め，2羽の息子を巣立たせている．98年にはその斑点オスは喉黒オスに成長し，HHなわばりを確立して独立し，別のグループからやってきたメスと新婚のペアになった．Eグループは98年には前年の2羽の息子が斑点鳥となって両親を手助けするが，雛は巣立たなかった．99年には2羽の斑点鳥は喉黒のオスに成長し両親を手助けするが，またまた子は巣立たない．その後，メスはFX2なわばりへ移動し，2000年には，喉黒オスのうちの1羽はIYなわばりを確立してメスを迎え，Eグループは新たに移動してきたメスと1メス2オスのグループを形成する（図3-6）．1995年にEから分派したEEからは，さらにTXが分派した．これらの分派したなわばりの位置も図3-6の左下に示してある．図3-6を見ると，「ピンク縞々」の男の一生とは言えないまでも，彼の10才までの生涯に，その一族がどのように一大発展を遂げたのか，その歴史が一目で分かるのである．

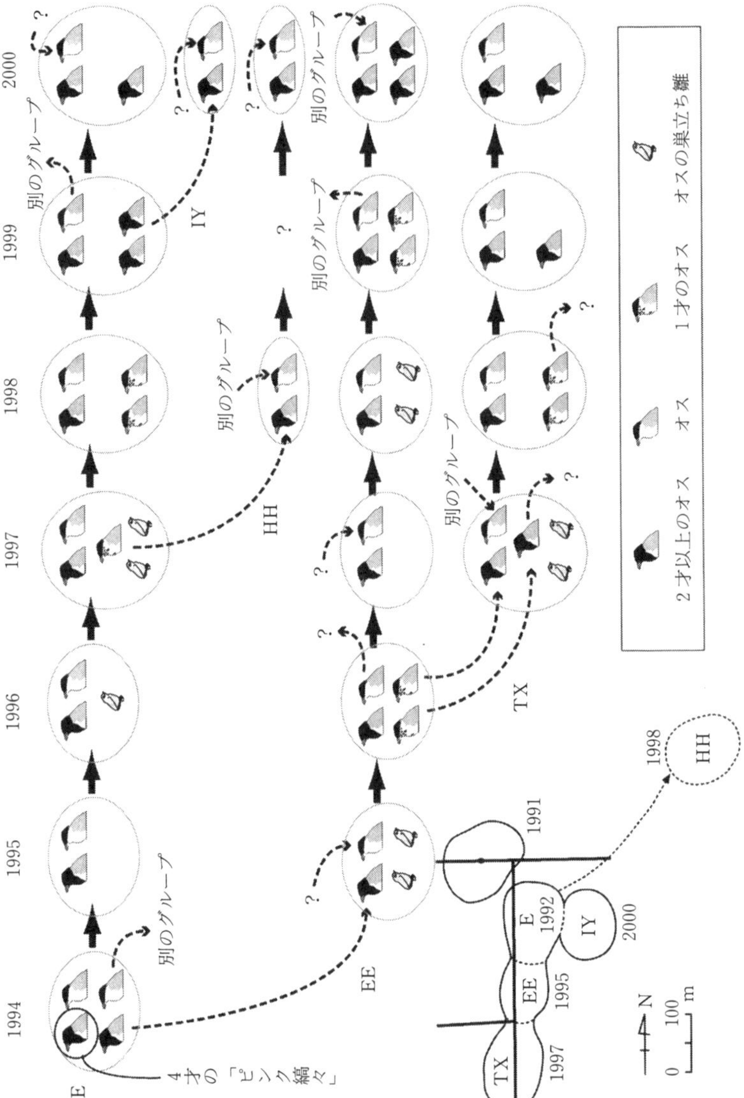

図3-6　「ピンク縞々」オスとその一族の繁栄状況．雛はオスだけを示した．詳しくは図3-7を参照．

3.4　何羽の群れか

一個体に過ぎない「ピンク縞々」オスのことを，最初から長々と書き過ぎたように思われるかもしれないが，実はそうではない．この例はアカオオハシモズの社会の基本をよく示しているのである．娘は生まれたなわばりを通常出て行くこと，ほとんどのヘルパーが息子であること，息子がすべて出て行ってしまうとペアに戻ること（まるで我が家を見ているようでもある），そしてまた息子が生まれると翌年は単雌複雄群になることを，図 3-6 はよく示している．ある群れを通時的に見てみると，このように一夫一妻の「ペア」と「単雌複雄群」を繰り返しているのである．それをある時点で輪切りにして共時的に見ると，「ペア」と「単雌複雄群」が共存する社会構造が見えてくる．それでは両者はどのくらいの割合で共存しているのであろうか．また，アカオオハシモズは平均的に何羽ぐらいの群れで生活しているのであろうか．

個別的な例を好まれない読者のために，調査地における 7 年間のすべてのグループの構成員の変化の歴史を図 3-7（折り込み）に示してみる[4]．どの群れが何羽で構成されていたのか．どの個体が，いつどのグループへ移籍したのかをじっくりお楽しみいただきたい．まず，群れの間をしきりに移籍するのはメスであって，オスは特に，いったん定着すると，ほとんど同一の場所を動かないことが図 3-7 と図 3-8 から見てとれる．ただし，私たちの調査には泣き所がある．それは第 2 章でもすでに述べたように，調査が 9 月から翌年の 1 月までの約半年間に限られていることである．したがって，私たちが帰国した繁殖期の終了時点から，再びこの島を訪れる翌繁殖期の直前までの出来事を知ることはできないのである．ほとんどの移籍は，私たちが不在であった期間におきていたが，この間に調査個体群中の群れ数が大きく変ったりすることはなかった．

1994年から2000年までの，これら延べ251グループの性別，年齢別の構成比を表3-3にまとめてある．アカオオハシモズのグループは63パーセントが

表3-2　アカオオハシモズの各部計測値±標準偏差（サンプル数）

	翼長（mm）**	尾長（mm）**	ふ蹠長（mm）*	嘴峰長（mm）**	体重（g）
2才以上オス	106.8±2.5（134）	85.5±3.2（133）	24.5±0.9（135）	26.4±2.1（135）	41.7±2.4（134）
2才以上メス	103.2±6.2（72）	83.5±3.4（68）	24.0±0.9（72）	25.5±1.6（70）	41.6±3.4（68）
1才オス	103.5±2.4（38）	85.1±3.9（37）	24.4±0.6（38）	26.9±1.7（38）	40.0±2.2（37）
1才メス	101.3±2.1（25）	82.5±2.5（25）	24.1±0.7（25）	25.6±1.6（25）	39.1±3.0（25）

複数回捕獲された個体が含まれている．
**：1才と2才以上の両方で統計学的に有意な雌雄差がある
*：2才以上でのみ統計学的に有意な雌雄差がある
1才と2才以上では雌雄とも翼長と体重で統計学的に有意な差があった．

表3-3　グループ構成比

最下段はグループあたりのヘルパー数を示す．繁殖期終了時のグループ構成を示した．

調査年	グループ数	繁殖ペアのみ	繁殖ペア＋		
			1才オス	2才以上オス	1才オス＋2才以上オス
1994	14	8	3	2	1
1995	38	23	6	8	1
1996	38	25	7	5	1
1997	43	24	11	3	5
1998	47	35	4	7	1
1999	43	26	6	9	2
2000	28	17	2	7	2
合　計	251	158	39	41	13
%	100	63	16	16	5
平均±標準偏差			1.31±0.57	1.32±0.65	1.38±0.65＋1.31±0.63

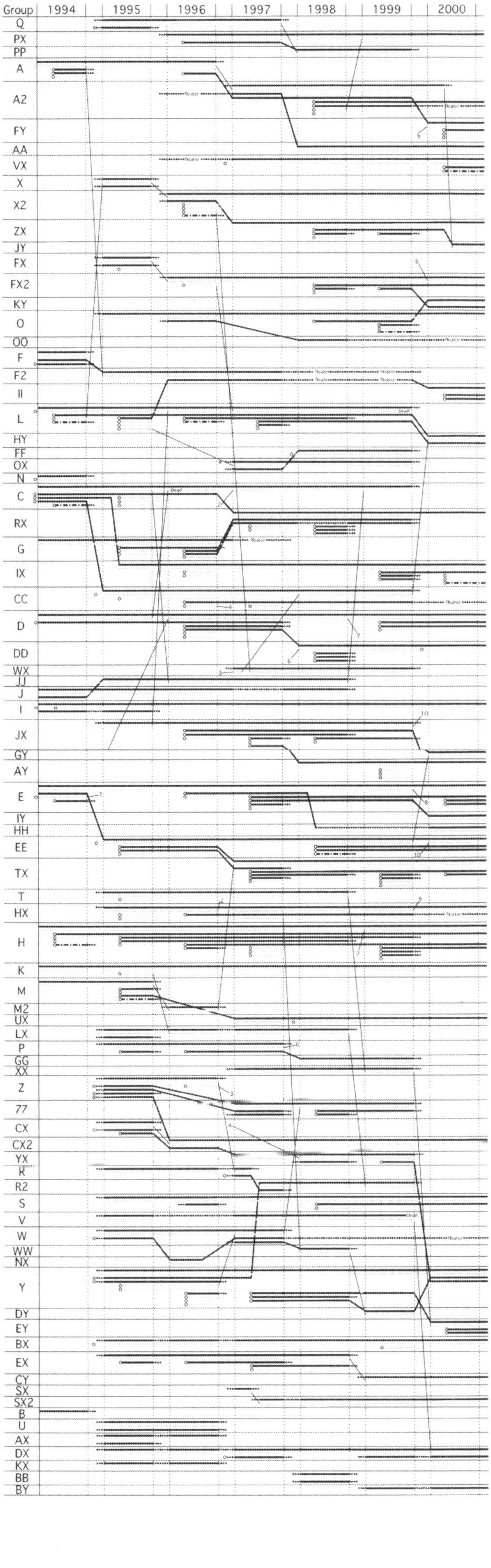

図3-7　グループ構成員の変化（1994年から2000年）

一連の横につながった直線が一個体の歴史を表す．黒がオス，灰色がメス（ただし移動は細黒実線）で，黒の一点破線は性不明を示す．細線で囲まれたものが1グループで，グループ中の一番上が繁殖オス，2番目が繁殖メスである．3番目以降がヘルパー，あるいは当才の雛となっているが，雛については巣立ちまで達した個体のみ記されている．グループ名は任意につけられており，特別なルールに従ってはいない．原則として，繁殖者として定着したオスに対してグループ名が用いられたのであり，繁殖オスが移動していないのは物理的に移動していないということではない．

縦点線で調査期間が仕切られているが，各個体を表す横線の長さはグループでの滞在期間を表してはいない．また，各個体を表す横線のうち点線部はステイタスがはっきりしないことを，○印はその年に誕生したことを表す．1994年の前に○印があるのは，1994年捕獲時点で1才だったことを示す（つまり，1993年生まれ）．死亡が確認されているものはDeadと記されている．放浪していたときはfloaterと記されている．定着していたオスは未標識個体であっても同一個体と見なされたものがある．

(Asai et al. 2002[4]より)

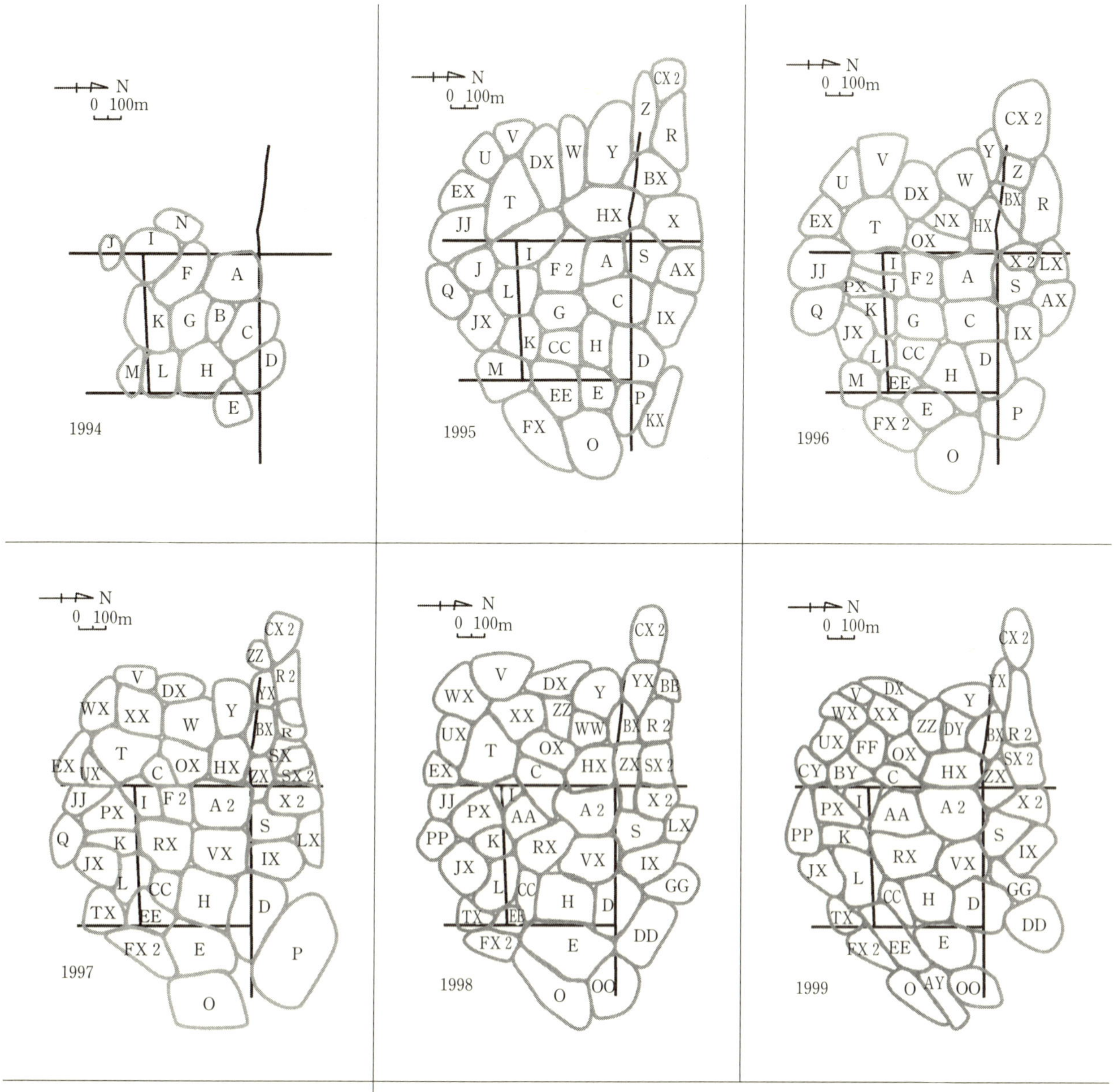

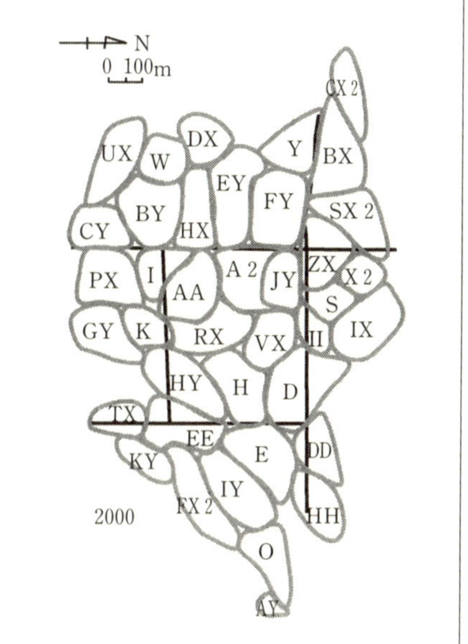

図 3-8　各グループのなわばり配置（1994 年から 2000 年）

なわばりにつけられたアルファベットは図 3-7 のグループ名に対応している．なわばり境界はなわばりのおおよその位置関係を示すために描かれていて，実際のグループ構成員の行動範囲ではない．したがって，この図のように調査地域内が完全に各個体の行動圏で埋め尽くされているわけではなく，実際にはこれらのなわばりの間に新たななわばりができるだけの余地がある（第 6 章参照）．1994 年の調査範囲は他の年より狭かったために，確認されたなわばり数が少ない．黒線は調査地（図 2-4 参照）のメイントレイルを示している．（Asai et al. 2002[4] より）

ペアで，37 パーセントがペアに何羽かのオスのヘルパーがついた単雌複雄群である．1 才の斑点のあるヘルパー（平均 1.3 羽）だけがついている場合が 16 パーセント，2 才以上の喉黒オス（平均 1.3 羽）だけがついている場合が 16 パーセント，斑点オス（平均 1.4 羽）と喉黒オス（平均 1.3 羽）の両方がついている場合が 5 パーセントあった．ペアの場合を除き，アカオオハシモズが群れで見られるときには単純に平均すると，3.5 羽（最大 6 羽）で生活していた．この群れサイズは繁殖期の話であって，非繁殖期の詳しい記録はないが，1990 年 8 月に本章筆者の一人山岸と中村雅彦さんが観察したところでは，やはり小群で活動していたので，この鳥は周年ペアあるいは小さな群れで生活しているものと推察される．

3.5　なわばり

アカオオハシモズはペアの場合も，群れの場合もなわばりをもち，なわばりの中で採餌，繁殖を行う．なわばりの境界線では，頻繁にいさかいが起こる．それぞれのグループが二手に分かれて木の枝に並び，オス，メス，ヘルパーもみんな総出で相手グループに向かってなわばり宣言の声を出す．取っ組み合いになるようなことはあまりないが，両グループの鳴き交わしはかなりしつこく続く．このようなときの鳴き声は，すでに述べたような「クワッ・クワッ・クォー」という尻下がりの鳴き声ではなく，「グヮン・グヮン・グヮン」とか「トュルルルルル」といった感じの鳴き声であったり，「カタ・カタ・カタ」と嘴をたたき合わせたり様々である．アカオオハシモズの「声」の種類は実に様々で，つがいが鳴き交わすとき，捕食者を威嚇するときなどでそれぞれ独特の声がある．同じ捕食者でも相手がタカのときとヘビのときでは違う声を出しているようであるし，オスとメスで，あるいは優位（繁殖）オスとヘルパーでそれぞれ違った声を出しているようだ．慣れてくると，隣のグループとけんかをしているとか，巣作りをしているところとか，姿が見えなくとも声である程度分かるようになる．

図3-7に示した各グループがジャルダンAのどの位置を占めていたのか，なわばり配置を示したのが図3-8（折り込み）である[4]．この図を眺めると，いかにも森中がなわばりでぎっしりと埋め尽くされているように見えるが，この境界線そのものはあまり正確ではない．なわばりの中にはよく使われる部分と，あまり使われない部分があるので，実際にはこんなに詰まった感じではない．ただし，この個体群はすでに述べたように，ほとんどの個体にカラーリングがつけられて個体識別されているので，示されている以外のグループが，この他に存在することはまずない．この境界線はそのようなものだと理解されたい．

図3-8を見れば同じなわばりが毎年ほぼ同じ場所にあるのが分かるが，細かく見ると微妙に毎年ずれていく．したがって，どうしてもその場所でなければ繁殖できないというわけではないのだろう．新しいなわばりができるときには，前からあるなわばりを少しずつ押しのけてつくるようだ．例えば，1997年にはトレイルの北西の交差点付近にZXという新しいなわばりができた．前年の同じ場所をみるとこの場所はもともとHX，X2，BXなどの交点に相当することが分かる．すでにあるなわばりを少しずつ切り取ってつくったなわばりで，ZXのペアは繁殖ができたし，押しのけられた方のペアも繁殖できた．アカオオハシモズにとってのなわばりは，ある程度の空間が確保できれば，融通が利くものらしい．ということは，この調査地がなわばりで空間的にぎりぎりいっぱいつまっていて，そのためにヘルパーたちは出て

いくところがなくて親元にとどまるわけではなさそうだ．図 3-8 で経年変化をみると分かるように，同じ調査区域のなかでなわばり数は増えたり減ったりする．それは，なわばりが減った分だけヘルパーたちが独立するという仕組みではないことを示している．

これらのなわばり配置図によって，図 3-7 に示されたグループがどこを占めていたのか，移籍した個体はどこからどこへ移ったのかをたどることができる．本書でこれ以後，アカオオハシモズの具体的なグループ名が出てきたときには，この 2 枚の図を参照することによって，読者はその群れの位置とか歴史を知ることができるだろう．

3.6 男と女の一生

先に，「ピンク縞々」オスの 10 年間を眺めてみたが，生まれた息子は生後どのような運命を一般的にはたどるのだろう．これまでと同様に，図 3-7 をデータソースとして，まとめてみたのが図 3-9 である．まず 1 才オスはほぼすべてヘルパーになることはすでに述べた通りである．2 才になると，42 パーセントは再びヘルパーに，34 パーセントは調査地から消失する．この中には死亡と調査地外への移動が含まれている．20 パーセントが繁殖オスになる．そして 4 パーセントは放浪個体となる．いったん，繁殖者になったオスの，ほとんどである 74 パーセントが，翌年も繁殖オスとなる．22 パーセントは調査地から消失し，3 パーセントが放浪個体になって，1 パーセントがヘルパーに戻る．

これに対して，女の一生は，ほとんどが出て行ってしまうために分かりに

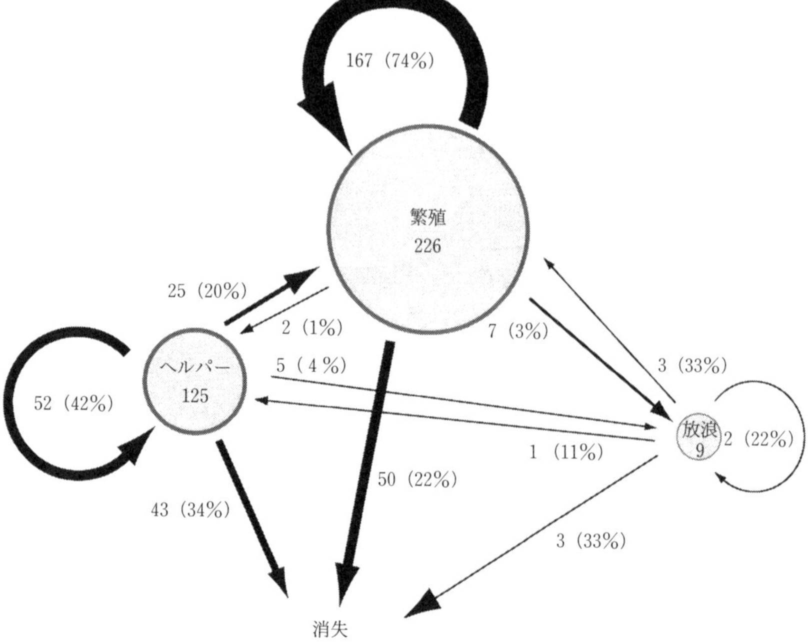

図3-9　オスのステイタスの移り変わり（1994年から2000年までの延べ数）
矢印はステイタスの移り変わりを示し，矢印に添えられた数字は7年間の延べ移動数を示している．オスは普通ヘルパーを経験してから繁殖者になり，放浪者になるのは例外的である．「消失」のカテゴリーは，遠くへ移動したもの，ステイタスのよくわからなかったもの，死亡したものを含む（Asai et al. 2002[4]より）．

くい．しかし，オスと違い1才のときから繁殖者になり，よほどのことがない限り，その後も繁殖メスであり続けるらしい．

以上，この章では，これからお話するアカオオハシモズの社会についての詳しい研究成果を読み進めるために必要と思われる，研究の進め方，調査方法について概観してみた.

引用文献

1) Langrand, O. (1990) Guide to the Birds of Madagscar. Yale University Press, New Haven & London.
2) Yamagishi, S. and Eguchi, K. (1996) Comparative foraging ecology of Madagascar vangids (Vangidae). Ibis 138: 283–290.
3) Yamagishi, S., Asai, S., Eguchi, K. and Wada, M. (2002) Spotted-throat individuals of Rufous Vanga *Schetba rufa* are yearling males and presumably sterile. Ornithological Science 1: 95–99.
4) Asai, S., Yamagishi, S. and Eguchi, K. (2002) History of group compositions of the rufous vanga *Schetba rufa* at Ampijoroa in northwestern Madagascar. Memoirs of the Faculty of Science Kyoto University (Series of Biology), Kyoto University (in press).

寄らばアカオオハシモズの群れ

The role of Rufous Vangas in avian mixed-species flocks

日野輝明 *Teruaki Hino*

4.1　混群観劇の絶好の舞台

日本のような温帯地方の森林に1年中生息する鳥たちは，春から夏にかけての繁殖という大仕事を終えると，そのほとんどが群れを作って行動するようになる．そんな鳥たちの顔ぶれをよくみてみると，異なる種類の鳥たちで構成されていることに気づくはずだ．このような群れは「混群」とよばれ，日本では，エナガ（*Aegithalos caudatus*），シジュウカラ（*Parus major*），ヒガラ（*Parus ater*）といったカラ類と呼ばれる小鳥たちを主役に編成され，キツツキ類なども脇役として加わる．

私は，北海道大学の大学院時代に，この鳥たちの異種混合集団を対象にして研究を行った．鳥の採食や攻撃といった個体レベルでの行動と，複数の種の集まりである群集レベルの組織構造との間の相互関係を明らかにしたかったからである．個体差を明らかにするために，カラーリングによって個体識別もした．このような視点からの研究は，鳥ではそれまでほとんど行われてきておらず，面白い仕事ができた（と，自分では思っている）．しかし，残念ながら，計画していた通りにはいかなかったことも少なくなかった．その一つが，自然条件下での鳥の個体の行動と群れ構成の追跡ができなかったことである．例えば，混群のもつ意味を評価するためには，各個体の採食効率（単位時間にとった餌の摂取量）を，群れの大きさや種類構成ごとに比較する必要がある．ところが，北海道の森林内で鳥たちが餌を主に採るのは，高さ 15 m 以上の樹冠部であり，しかも主役であるカラ類たちの大きさは全長で 15 cm 以下と小さいために，10 倍率の双眼鏡を使っても思い通りのデータをとることはできなかったのだ．そこで仕方なく，行動観察は森林内に人為的に設けた餌場で行うことになった[1]．

そんなこんなで，なんとか学位論文をしあげ，1992 年に森林総合研究所に就職することになった．山岸哲さんから文部省科学研究費の申請にあたって，マダガスカルの第 2 次調査の分担研究者に誘われたのは，その年の秋のことだった．何か楽しくて面白い研究をしたいなあと，あれこれ思いをめぐらせていたときのことだったので，迷うことなく OK の返事をした．「混群における種間の社会的な関係がアカオオハシモズの種内社会をどのように規定しているか」を調べてほしいというのが，山岸さんからの注文であった．「それは難題」と直感的に思ったが，「生物のワンダーランド」といわれるマダガスカルで調査ができると考えると，心が躍った．結局，その年の科学研究費の補助は受けることができず，私がアンピジュルアの調査ステーションを初めて訪れたのは，1994 年の 10 月 8 日のことであった．

次の日に早速「ジャルダン A」の森に行ってみた．そこは，ほとんどの木が 12 メートルほどの高さしかなく，日本でいえば，初期の二次林のような貧相な林であった（図 2-6，図 2-7，第 2 章参照）[2]．ところが，林内を少し歩いただけで，実に多様な種類の鳥が生息していることが分かった．しかも，そのほとんどが全長で15センチメートルを越える鳥ばかりのため，双眼鏡なしでも行動がよく観察できるのである．北海道での混群調査では，思いを達せられなかったことが，ここではできそうだった．フランス語で「庭」という意味の「ジャルダン」には，鳥たちのパフォーマンスを堪能するのには絶好の舞台が用意されているように思われた．これからの調査への期待に胸がふくらんだ．

現地調査隊長の江口和洋さんの指示で，午前中はアカオオハシモズの調査を隊員全員で行い，午後に各自のテーマでの調査を行えることになった．共同調査の最初の1週間は，個体識別と血液採取のためにアカオオハシモズの捕獲を行った．かすみ網を張った近くで，アカオオハシモズの「クワッ・クワッ・クォー」と3節からなる特徴的な声をテープレコーダーで流し（図3-1)，獲物がかかるのを待つのである．ところが，予想もしていない面白いことが起こった．テープの声に反応して真っ先に周辺にやってきたのは，マダガスカルサンコウチョウだったのである．そのあとも，お目当てのアカオオハシモズばかりでなく，多くの種類の鳥が続々集まってきて，周辺は出演者オンパレードともいうべき，賑やかな舞台と化してしまった．何故こんなことが起こったのだろうか．その謎は，混群の調査を始めてしばらくしてから分かるのであるが，そのときはその新鮮な光景にただ驚くばかりであった．

南半球のマダガスカルでは，10月は雨期に入る季節で，鳥たちにとっては繁殖を始める時期である．多くの鳥がなわばり宣言のためにさえずるのは，日本と同じである．初めの1週間の午後は，鳥の種類を覚えることもかねて，なわばり記図法による各種類の個体数調査を行った．調査地の中を歩きながら，鳥のさえずりや争いの起こった場所，移動の方向などを地図上にプロットしていき，なわばりの数を推定するやり方である．その後の混群の調査中にもプロットを続けた結果，ジャルダンAの森には29種類，124つがいの鳥（猛禽類を除く）が繁殖していることが分かった[2]．そして，これらの半分に相当する14種の鳥が混群に加わるのが観察された（図4-1）．

この年に混群の調査を行ったのは，10月中旬から11月中旬までの約1か月間であった．調査区を歩きながら鳥に出会ったら，まず，その鳥が単独個体なのか，同種群のみで行動しているのか，混群で行動しているのかを調べ，さらに群れの場合は種構成と個体数を記録した．そのあと2分間を1ユニットとして，1個体の行動に着目して餌を採った回数，採食場所と方法を記録し，攻撃行動や追従行動が観察された場合は，その相手の種類を記録した．短期間の調査のため，カラーリングによる個体識別はあきらめざるを得なかったが，性，年齢，形態，優劣関係の違いなどを，できるだけ記録した．単独個体のデータをとっている場合はまだしも，混群のデータをとっている場合は，息つく暇がないくらいに忙しい．そのため，記録はテープレコーダーに吹き込み，夕食後や1週間に1回の休養日にデータを起こしてノートに書き写していく．できるだけたくさんの個体からデータを採ろうと1時間近くも必死にしゃべり続けたにもかかわらず，群れが去って一息ついたところで，電池が切れてテープがまわっていないことに気づき唖然としたこともあった．しかし，とりたかったデータが貯まっていく充実感は，何事にも代え難いものであった．これらのデータは，帰国後に表計算ソフトに1週間がかりでインプットされ，いよいよ解析されることになるのである．

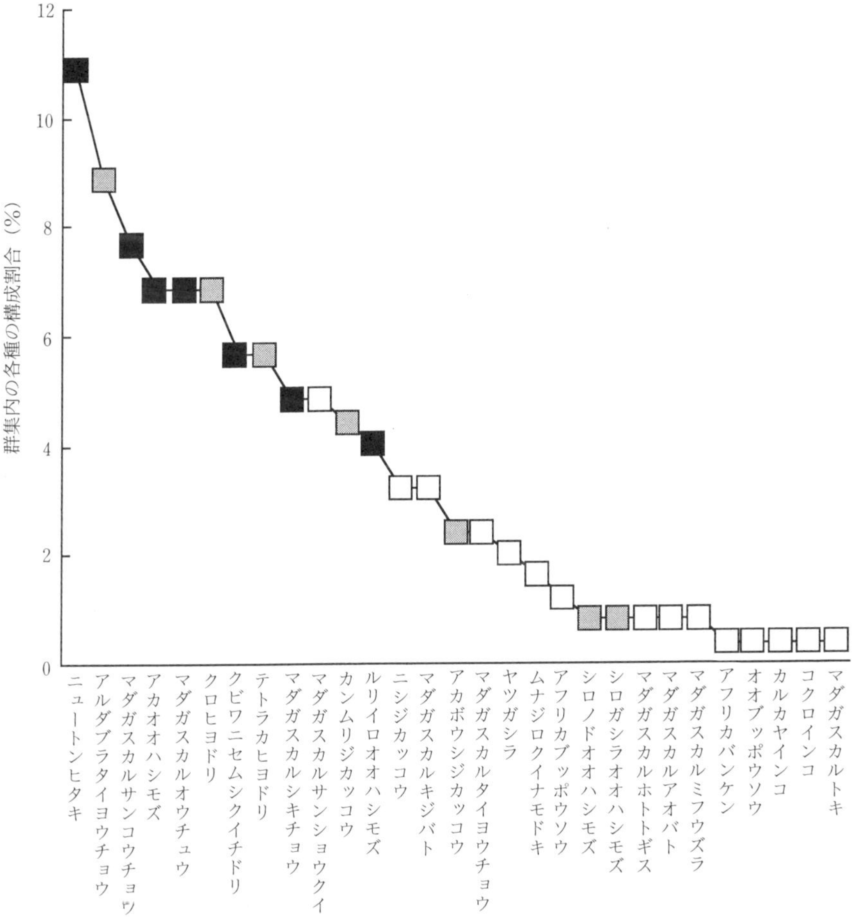

図 4-1　ジャルダン A の森の繁殖期鳥類群集の個体数−順位曲線　■混群中核種，▒混群非中核種，□混群非参加種．（Hino 投稿中[2]）

4.2　混群ではもちつもたれつ

1994年の調査の結果，混群劇団の主役ともいうべき鳥たちが明らかになった．それは，やや気の荒い，この本の主人公アカオオハシモズ（*Schetba rufa*），同じオオハシモズ科で青色が美しいルリイロオオハシモズ（*Cyanolanius madagascariensis*），額の冠羽がおしゃれでちょっと悪賢そうな風貌のマダガスカルオウチュウ（*Dicrurus forficatus*，以下オウチュウ），オスの長い尾羽が特徴的なマダガスカルサンコウチョウ（*Terpsiphone mutata*，以下サンコウチョウ），小さくてすばしっこく動きまわるニュートンヒタキ（*Newtonia brunneicauda*），ウグイスを思い起こさせるテトラカヒヨドリ（*Phyllastrephus madagascariensis*），どこかぼくとつとした雰囲気のあるマダガスカルオオサンショウクイ（*Coracina cinerea*，以下サンショウクイ）といった，いずれも個性的な面々である（口絵Ⅰ-12）．

これら7種の鳥たちとは，2回出会ったうち1回は，必ず他の種と一緒に行動するのが観察された（図4-2）．そうでないときは，単独でいるか同種個体（多くの場合は繁殖のパートナー）のみで行動するのであるが，繁殖期における日本などの温帯林では，これが普通である．なぜなら，彼らはこの間，巣作りをしたり，巣内の卵や雛を抱いたり，雛に餌を与えたりするのに，忙しいはずだからである．それにもかかわらず，彼らは1日のうち半分は混群の中で過ごしていたのである．本や論文などで[3,4]，熱帯林では混群が1年中観察されるということは知っていたが，いざその現実をみると，なぜだろうという不思議な気持ちでいっぱいになった．

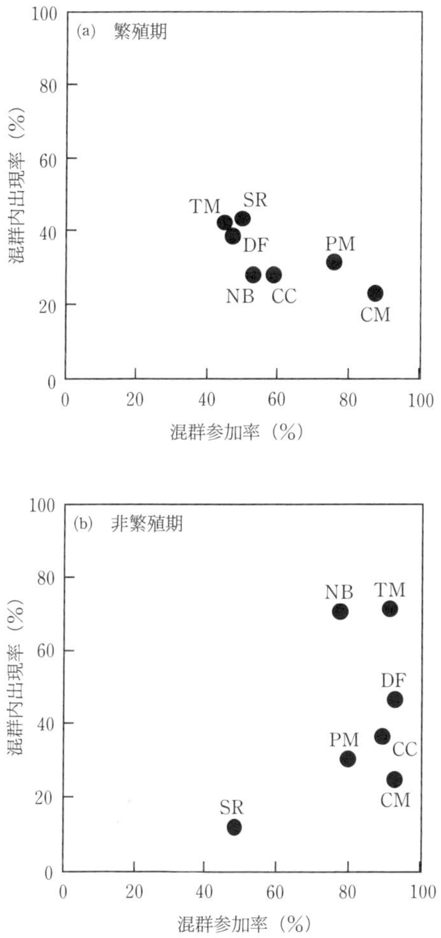

図 4-2　繁殖期(a)と非繁殖期(b)の混群中核種の混群参加率（＝混群での観察数/全観察数）と混群内出現率（＝混群内出現数/混群総観察数）．SR＝アカオオハシモズ，NB＝ニュートンヒタキ，DF＝マダガスカルオウチュウ，TM＝マダガスカルサンコウチョウ，CM＝ルリイロオオハシモズ，PM＝テトラカヒヨドリ，CC＝マダガスカルサンショウクイ．

その風貌ばかりでなく，主役たちが得意とする採食パフォーマンスも，それぞれに個性あふれていた．ところが，混群でいるときといないときとで，そのパフォーマンスを比較してみると，7種のうち6種でその演技に違いがみられた（図4-3，図4-4，図4-5）[5]．最も大きな違いをみせた種はオウチュウである．この種は単独もしくは同種個体と一緒のときには，6メートル以上の高さの枝に止まり空中を飛びまわっているハエやハチなどの小型の昆虫を飛びついて捕らえていたが，混群に加わると6メートル以下の高さに降りてきて，枝葉や地面にいるイモムシ，クモ，バッタ，ムカデなどの大型の節足動物を採るようになった．サンコウチョウもオウチュウほどではないが，混群に加わっているときには，主要な採食方法を空中へ飛び出して虫を捕らえる方法から，葉などにいる虫を羽ばたきながら捕らえる方法へと変えた．この変化は，特に尾の長い個体において顕著だった[6]．また，彼らは単独や同種だけでいるときには利用しない藪や地面なども利用するようになった．

ルリイロオオハシモズは頭を下にした逆さまの姿勢で枝に頻繁にぶら下がりながら，またニュートンヒタキは枝葉からつまみとり，羽ばたき，飛びつきの方法を均等に使いながら餌を取る鳥たちであるが，どちらも混群では同種個体のみでいるときよりも低い場所で餌を採るように変わった．サンショウクイは，7種の中では最もいろいろな方法で餌を取ることのできる鳥であり，またテトラカヒヨドリは6メートル以下の低い階層で主につまみとりによって餌を取る鳥であるが，どちらも混群に加わった場合には，いろいろな部位で餌をとるようになった．重複度指数というインデックスを使った解析の結果，混群に加わると，そうでないときよりも採食を行う高さ，場所，方法が，種間で互いに似てくることが分かった[5]．

さらに，鳥たちが効率的に餌を採っているかどうかの目安である採食速度（単位時間当たりに餌を採った回数）が，単独で採餌，同種個体とのみで採餌，

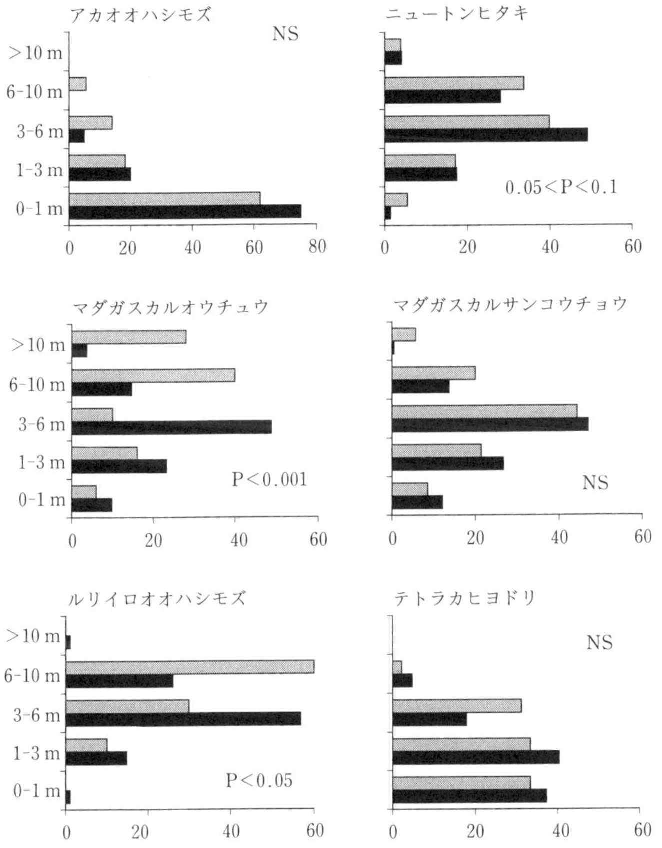

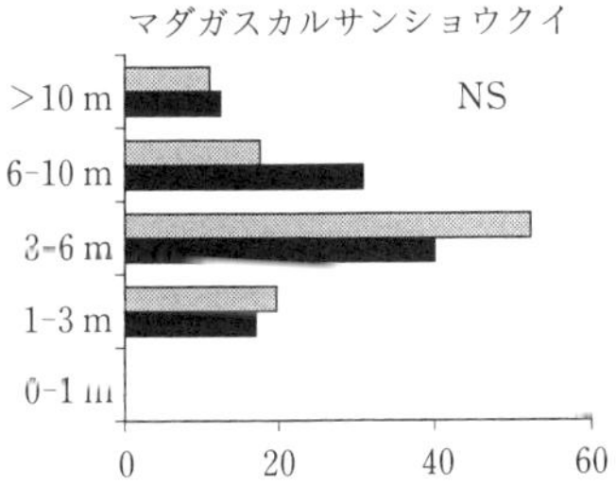

図 4-3 混群中核種が餌を採った高さの混群参加時(■)と非参加時(▒)の違いと χ^2 分析の結果(NS, P>0.1).

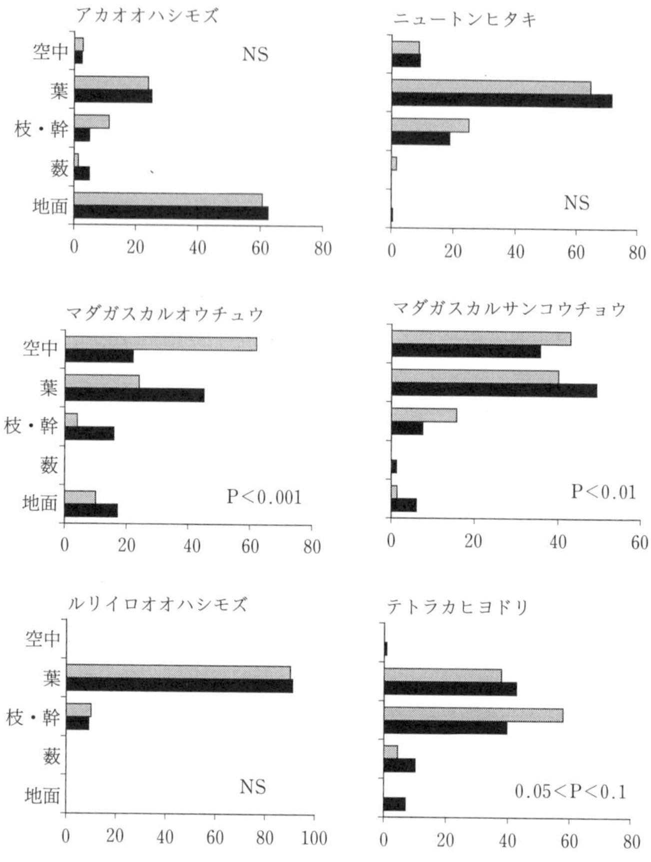

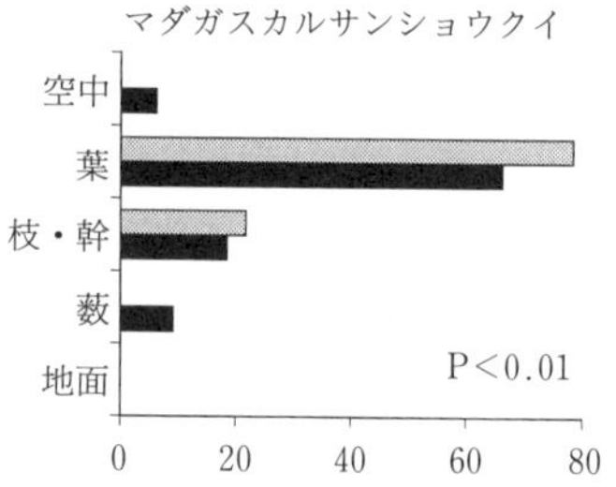

図4-4　混群中核種が餌を採った場所の混群参加時(■)と非参加時(▒)の違いとχ^2検定の結果(NS, P>0.1).

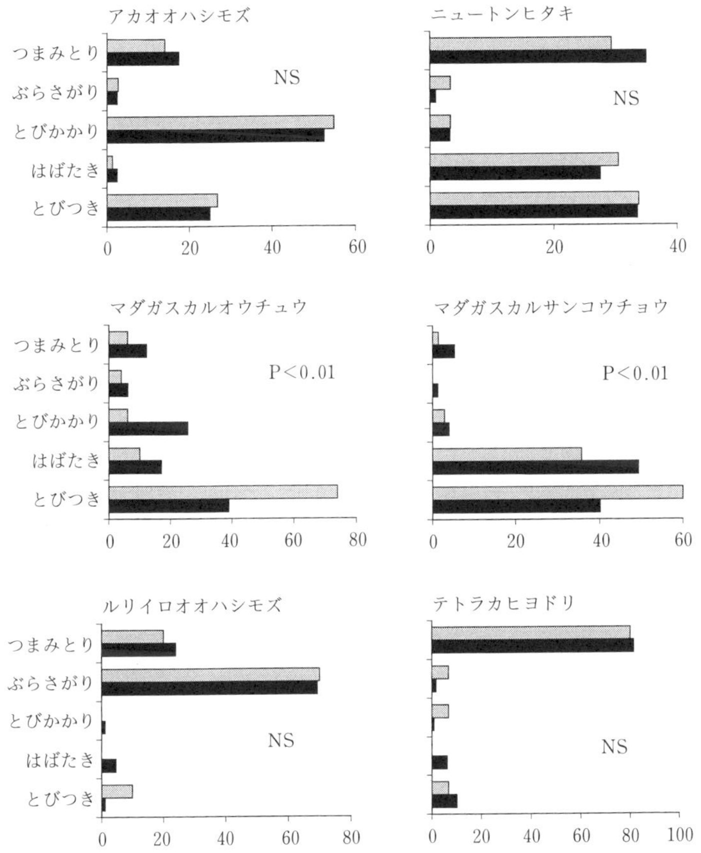

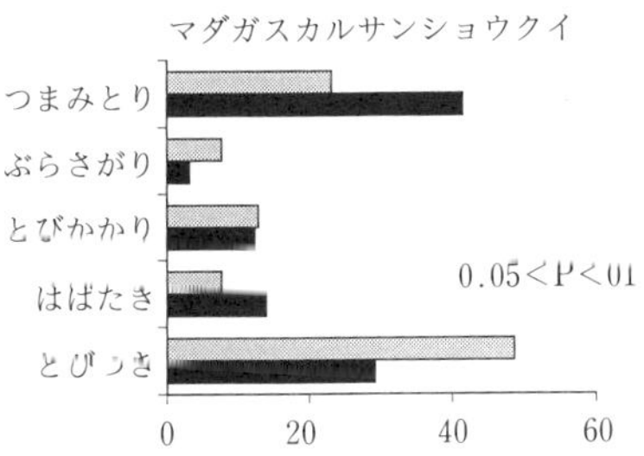

図4-5　混群中核種が餌を採った方法の混群参加時（■）と非参加時（▒）の違いとχ^2の分析の結果（NS, P＞0.1）．「とびかかり」と「とびつき」の違いは餌を採る際に着地を伴うのが「とびかかり」とした．

混群で採餌のいずれで高くなるかを調べてみた．その結果，いずれの種も単独で食べても同種個体と一緒に食べても採食速度に差はみられなかったが，オウチュウ，サンコウチョウ，ニュートンヒタキ，サンショウクイ，テトラカヒヨドリの 5 種では，混群に加わったときには，採食速度が大幅に増加することが分かった（図 4-6）．つまり，これらの鳥にとって，混群は餌を効率的にとることにおいて，とても機能的な集合体だということができる．

では，採食場所が似てくることと採食効率の上昇はどのように関係づけられるであろうか．四つの可能性が考えられる．一つ目は「社会的学習」の効果である[7]．同じ群れの中の他個体の採食行動を観察し，その個体が餌を見つけることに成功した場合に，同じような場所や方法を利用することで採食効率を上げるというものである．上で述べたように，得意とする採食場所や方法は種によって違うため，同種個体よりも異種個体と一緒にいた方が，その効果は大きいと考えられる．この効果は採食速度の上昇した 5 種全てが得ていたと考えてよいだろう．関係し合っている双方が利益を得るため，彼らのこのような持ちつ持たれつの関係を「相利的な関係」という．同じように相利的な関係から説明できるものに「採食時間増加」の効果がある[8]．これは群れでいる方が捕食者警戒の時間を節約でき，その分を採食にまわすことができるという効果である．得意とする捕食者の警戒範囲もまた，種によって少しずつ違うと考えられるため，この場合も同種個体といるよりも異種個体といた方が，その効果は大きい可能性がある．

混群でみられる有利な関係には，このような相利的な関係の他に，パートナーに損をさせることなしに，自分のみが一方的に利益を得る「片利的な関係」というのがある．樹冠の中を多くの個体が移動すると，「追い出し」効果によって枝葉から多くの飛翔昆虫が飛び出してくる[9]．そのような餌を主食とするサンコウチョウにとっては，まさに好都合であり，同種個体のみで行

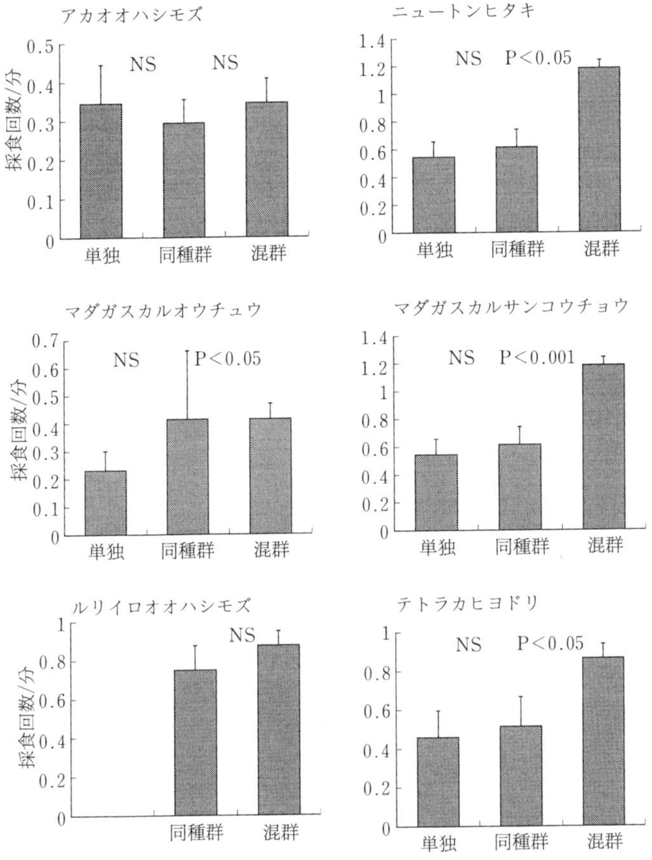

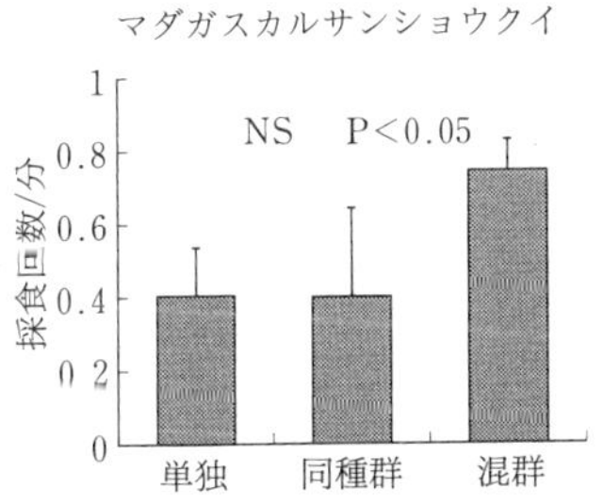

図4-6 混群中核種の単独，同種群，混群のそれぞれの場合における採食速度とU検定の結果 (NS，P>0.1)．左側は単独と同種群，右側は単独+同種群と混群の比較の結果．

動していては得られない利益である．

オウチュウが時折見せた行動もまた，この鳥自身の採食効率を高めていた．それは自分では餌を探さずに，他種が餌をみつけると追い払ってそれを横取りするといった「労働寄生」の効果である[10]．隙あらばと狙うその様子は，悪賢そうな風貌そのままであった．この関係では，オウチュウに餌を奪われた相手は損をすることになる．しかし，私には，このような行動を行うのが1種のみであるというのが，むしろ不思議であった．なぜなら，日本などの温帯でみられる混群では，このような行動が多くの種で，しかもかなり頻繁に行われるからである．これについては，あとでまた述べよう．

4.3　頼りになるアカオオハシモズ

さて，そこで問題は本書の主役アカオオハシモズである．他のメンバーたちが混群の中では積極的に採食パフォーマンスの変更を行っていたのとは対照的に，この鳥の採食は混群に加わっていようがいまいが，もっぱら地表面やその近くにいるケラ，クモ，ムカデなどの大型の節足動物や小型のトカゲ，カメレオンなどをとびかかって捕らえる方法で行われた．また，混群に加わることで，採食速度が上昇するということもなかった．すなわち，他の種の存在などおかまいなく，「我が道を行く鳥」なのである．それにもかかわらず，この鳥が繁殖期におけるジャルダンAの森の混群の中心的存在であることは一目瞭然であった．

混群という集合体は，異なる種がただ漠然と集まってきてできるわけではない．何らかの利益を得るために，ある種が別の種を追従するという関係のつながりでできていると考えるべきである．したがって，他の種を誘引する「先行者」と他の個体のあとをついてまわる「追従者」は，混群劇団の中でも，最も重要とも言える役柄のひとつである．行動の観察中に，種間での明確な追従行動がみられたときに，それを記録していくことで，各種の役柄が分かる．解析の結果，アカオオハシモズとニュートンヒタキが先行者，オウチュウとサンコウチョウが追従者という配役であることが分かった．他の3種は追従したり追従されたりの中間的な役回りである（表4-1）．

サンコウチョウは追い出しの効果によって，オウチュウは社会的学習や労働寄生によって，混群からの利益を最も享受している鳥たちであるから，彼らが追従者として振る舞う理由も理解できよう．サンコウチョウは，アカオオハシモズよりは，採食場所や方法が似ているニュートンヒタキのあとを追従することが多い．実際，この2種だけの混群は頻繁に観察され，サンコウチョウは一緒に行動するニュートンヒタキの数が多いほど，採食速度は高くなる[6]．しかし，アカオオハシモズが混群に含まれる場合は，地表面近くにまで降りてきて採食するようになる．採食パフォーマンスが，アカオオハシモズの存在によって変化する唯一の鳥である．オウチュウもアカオオハシモズの採食にまったく無関心というわけでない．ひたすらついてまわり，アカオオハシモズが地表面で虫を探し出している様を，ずっと見つめているという光景に出会ったことが何度かある．アカオオハシモズが取り損なった獲物を，すかさず横取りしようとしているかのようであった．しかし，その行動が成功したのを結局一度もみることはできなかった．アカオオハシモズの方が力が強く，たまに攻撃を受けたりするために，ある距離以上に近づけないのかもしれない．

この追従者2種が単独で行動する頻度が高いのに対して，先行者であるニュートンヒタキとアカオオハシモズ，そしてテトラカヒヨドリでは，繁殖

表4-1　非繁殖期と繁殖期の混群構成種間の先行—追従の関係．表の値は左列の種が上列の種を追従した頻度を表す．

(a)　非繁殖期

先行種	アカオオハシモズ	ニュートンヒタキ	マダガスカルサンショウクイ	ルリイロオオハシモズ	テトラカヒヨドリ	マダガスカルサンコウチョウ	マダガスカルオウチュウ	他種
追従種								
アカオハシモズ	*				1			1
ニュートンヒタキ		*		1				
マダガスカルサンショウクイ	4		*					
ルリイロオオハシモズ	3	1	2	*				
テトラカヒヨドリ	6	1	2	1	*			1
マダガスカルサンコウチョウ	4	8		2	2	*	1	3
マダガスカルオウチュウ	5		3	2	2	2	*	3
他種		1	1			1	1	*
先行総数	22	11	8	6	5	3	2	
追従総数	2	1	4	6	11	20	17	
先行％	92	92	67	50	31	13	11	

(b)　繁殖期

先行種	アカオオハシモズ	ニュートンヒタキ	マダガスカルサンショウクイ	ルリイロオオハシモズ	テトラカヒヨドリ	マダガスカルサンコウチョウ	マダガスカルオウチュウ	他種
追従種								
アカオハシモズ	*							1
ニュートンヒタキ		*				2		1
マダガスカルサンショウクイ	2	1	*	2	2		2	2
ルリイロオオハシモズ	2		2	*	2			2
テトラカヒヨドリ	2		1	1	*		1	
マダガスカルサンコウチョウ	3	34		2	3	*	0	6
マダガスカルオウチュウ		2	8	6	12	1	*	7
他種	1	2						*
先行総数	10	40	11	11	19	3	3	
追従総数	1	3	11	8	5	48	36	
先行％	91	93	50	58	79	6	8	

期にもかかわらず，3個体以上の同種個体と一緒に行動しているのがしばしば観察された．アカオオハシモズについては，これまでの章で，ヘルパーとなる個体を含む繁殖グループであることがすでに述べられてきたが，他の2種については分かっていない．ニュートンヒタキのあとをついてまわるのは，もっぱらサンコウチョウであり，そうすることで採食効率の上昇がみられた．ところが，アカオオハシモズにはほとんどの種が追従していたが，彼らはそのことによって採食効率が上がるわけではなかった．きっと，アカオオハシモズの採食場所が，追従者が得意とする採食場所とは違うからであろう．アカオオハシモズとの結びつきが強かったテトラカヒヨドリでは，採食速度が減少さえした．それでも，彼らはアカオオハシモズを，繁殖期に行動をともにする異種のパートナーとして選んでいた．捕獲のためにアカオオハシモズの声をテープレコーダーで流しただけで，多くの鳥が続々とその周辺に集まってくるのであるから，その誘因力は相当なものである．実際，混群でのアカオオハシモズの出現率は50パーセント弱で，その値は追従者のサンコウチョウやオウチュウを抑えて一番であった（図4-2）．

このジャルダンAの森を舞台とする混群劇団の，アカオオハシモズをまさに主人公とする役者たちのパフォーマンスはどのように説明できるのであろうか．私が大学院時代に調査を行った北海道のカラ類の混群でも，先行者と追従者の役柄は種によって決まっていた．非繁殖期に同種で大きな群れを作るエナガはいつも先行者であり，同種個体の結びつきの弱いシジュウカラは追従者であった．一緒に行動する個体の数が，先行者と追従者を特徴づける一つの要因であることは同じである．違うのは社会的な順位との関わりである．カラ類の混群では，体が小さくてケンカの弱い低順位の種を体が大きくてケンカの強い高順位の種が追従するという関係があった．だから，エナガーヒガラーコガラーシジュウカラといった社会的な順位の低い方から高い方への順番が，そのまま先行者—追従者の関係となる．高順位の種は，低順位の種の探し出した餌をうしろから追い払って横取りすることができるからである[1]．これは，ジャルダンＡの森では，オウチュウに限って観察される行動であることは上で述べた．

しかし，この関係では，ジャルダンＡの森の混群は説明できない．なぜなら，アカオオハシモズは混群に参加している鳥の中で最も気が荒くてケンカの強い最高順位の種だからである（表4-2）．でも，日本のシジュウカラのように，餌を横取りするために混群の他の鳥たちを攻撃するということはない．餌はあくまでも自分の方法で探して見つけて食べる．アカオオハシモズが他のメンバーにたまに向ける攻撃を見ていると，ついてまわられるのがうっとうしいので「あっちに行け」ともいわんばかりの軽い脅しのようでもある．ところが，相手が捕食者となる猛禽となると話は別である．ジャルダンＡの

表4-2　混群構成種間の攻撃—被攻撃の関係．表の値は上列の種が左列の種を攻撃した頻度を表す（Hino 1998[5]より）．

攻　撃　種	アカ オオハシモズ	マダガスカル オウチュウ	マダガスカル サンコウチョウ	マダガスカル サンショウクイ	ルリイロ オオハシモズ	テトラカ ヒヨドリ	ニュートン ヒタキ	他種
被攻撃種								
アカオハシモズ	*			1				
マダガスカルオウチュウ	4	*			1			2
マダガスカルサンコウチョウ	3	4	*				2	
マダガスカルサンショウクイ		3		*				1
ルリイロオオハシモズ		4	1	1	*			1
テトラカヒヨドリ	4	3				*		
ニュートンヒタキ	1	1	9	1	2	2	*	2
他種	3	1					1	*
攻撃総数	15	16	11	2	3	2	3	
被攻撃総数	1	7	9	4	7	7	18	
攻　撃　%	94	70	55	33	30	22	14	

森には，マダガスカルハイタカ（*Accipter madagascariensis*）やシロハラハイタカ（*Accipter francesii*）などの小鳥を獲物とする猛禽が繁殖していた[2]．これらの天敵が周辺に現れるやいなや，真っ先に警戒声を発し大きな声で騒ぎ始めるのは，決まってアカオオハシモズのグループである．時には，一団となって果敢に追いかけまわすことさえある．巣内の卵や雛を捕食していると考えられるブラウンキツネザルや長さ 1.5 メートルほどもあるヘビの 1 種ボアもまた，攻撃の対象となっていた（図 5-10，口絵II-2）．あのカギ状の鋭いくちばしを武器に集団でこられては，これらの捕食者たちも逃げるしか術はないのだろう．

このアカオオハシモズの捕食に対する防衛能力が，他のメンバーたちにとっては大きな魅力となり，「寄らば大樹の陰」と一方的についてまわっているのだと考えられる（口絵I-13）．しかし，この関係によって，アカオオハシモズは利益を受けるわけでもないし，損害を被るわけでもないから，これらは片利的な関係である．こうして身の安全を確保しておきながら，他のメンバー間どうしでは，社会的学習などによる効率的な採食の利益を享受しているのである．ただし，ルリイロオオハシモズだけは，混群に積極的に参加し採食場所も変化させたにもかかわらず採食速度の上昇はみられなかった．この鳥の最も得意な頭を下にしてぶら下がった姿勢で葉の下面から餌を取るという採食方法は，猛禽類のような上空からの捕食者に対しては非常に無防備であるように思われる．したがって，同じ仲間ながらアカオオハシモズとは対照的に，おっとりした感じのするこの鳥にとっては，気の荒い同僚と行動をともにし採食の安全性が保証されることこそが最重要な戦術であるのかもしれない．

4.4　我が道を行くアカオオハシモズ

翌年の1995年8月21日，私は再びアンピジュルアの調査ステーションを訪れた．季節はまだ乾季にあたり，鳥たちにとっては繁殖活動に入る2か月ほど前である．この年の調査目的は，この非繁殖期における鳥たちのパフォーマンスを調べ，前年度に調べた繁殖期のそれと比較するためである．ジャルダンAの森の住人たちとは約10か月ぶりの対面である．混群劇団の主役たちも同じ顔ぶれである．個性にあふれた役者たちの容姿や素振りが懐かしくてうれしい．昨年装着のカラーリングをつけたアカオオハシモズやサンコウチョウの個体を見つけると旧友にでもあった気持ちなる．

混群に出会う頻度は繁殖期のときよりも明らかに高かった．鳥たちが混群で行動する割合が増えたからである．主役7種のうち6種の混群参加率は80パーセント前後か，それ以上であった．1日のほとんどは他の種類の鳥たちと一緒に過ごしていることになる (図4-2)．しかし，この状況は繁殖期と違って日本の混群でも同じであるから，あまり驚くことではない．それよりもっと印象的な大きな変化が混群劇団の中で起こっていた．それは，昨年あれほど他のメンバーたちの頼れる中心的存在であったアカオオハシモズが，すっかり目立たない存在に変わってしまっていたことである．この鳥の混群参加率だけが繁殖期と同じく50パーセントしかなかった．まわりの鳥たちが混群でみられる頻度が高くなった分，目立たなくなってしまったのだ．その証拠に，繁殖期には，主役の鳥たちの中で最高値50パーセントを示した混群内出現率も，10パーセント余りという最低値であった．アカオオハシモズが他の鳥を追従するということはほとんどないので，先行者としての役柄は昨年と同様であったが，他の鳥に追従される頻度が低くなっていた．サンコウチョウとオウチュウも相変わらず追従者であったが，前者はもっぱらニュートンヒタキを，後者はルリイロオオハシモズ，テトラカヒヨドリ，サンショウクイのあとをついてまわっていた (表 4-1)．

このような変化はなぜ起こったのであろうか．アカオオハシモズは我が道を行く鳥である．非繁殖期の方が地表面から餌を採る頻度が高いといったわずかな違いはあるものの，他種との存在などお構いなしとも思われる振る舞いは繁殖期と変わらない．そんな様子からみても，アカオオハシモズ自身の混群への依存度が変わったわけではないだろう．まわりの鳥たちが混群の機能として期待しているものが両時期で違うために，アカオオハシモズへの依存度も違ってきたと考えるのが妥当である．上で述べたように，取り巻きたちが繁殖期に頼っていたのは，この鳥がもつ捕食者防衛の効果であった．非繁殖期には，この効果が弱まったのだろうか．その可能性は大いにある．アカオオハシモズの捕食者に対する警戒声や攻撃の必要性は，自分たちの雛を守らなければいけない繁殖期に比べればかなり低いに違いない．実際，この時期の私の野帳には，前年に私を驚かせたような，この鳥が猛禽類やキツネザルに攻撃を仕掛けたという記録はない．前年の気性の荒さが強い印象として残っている私にとって，この時期のおとなしさは，何かしら物足りなかった．

また，アカオオハシモズ以外の鳥たちは，繁殖期よりも非繁殖期の方が，一緒に行動する同種個体の数が多かった[5]．繁殖期にはなわばり内で単独かペアで行動するのに対して，非繁殖期には前年生まれの個体や移入個体が加わったり，隣接したなわばり個体どうしが群れを作ったりするようになるからである．ニュートンヒタキとテトラカヒヨドリでの大きな群れは，おそらく後者の例であろう．このようにそれぞれの種の群れサイズが増加したこともあって，混群の平均サイズも1.5倍に増加していた．数が多くなれば，捕食者に対する防衛効率も上がる．アカオオハシモズの力を借りずとも自らの力でなんとかなると判断したのだろうか．こういった他のメンバーたちとは逆に，アカオオハシモズの同種群のサイズは非繁殖期に減少していた．これは，時期による違いというよりは，群れ構成の年変化の結果，たまたま調査地内の群れサイズが小さくなったと考えた方がよいかもしれない (図3-7).

鳥たちの繁殖は，雛を育てるために必要な餌資源の現存量が最大になる時期に合わせて行われるのが一般的である[11]．温帯林で小鳥たちの重要な餌資源である樹冠部のイモムシ類の現存量がピークになるのは，育雛期の5月から6月にかけてである[12]．サンコウチョウの繁殖生態を調べている水田拓さんが，飛翔昆虫の数の季節変化を調べた結果では，やはり育雛期の11月から12月にかけてピークになっていた[13]．したがって，非繁殖期は繁殖期に比べて餌資源が少ない時期であり，鳥たちが混群に参加する主要な目的が対捕食者防衛の効果から効率的な採食の効果にシフトしたのかもしれない．実際，一つの同じ虫を鳥どうしで取り合うという行動がみられたのは非繁殖期だけであった．もしそうだとすると，アカオオハシモズは，他のメンバーたちにとっては，あまり役に立つ存在ではない．なぜなら，この鳥がもっぱら餌を採る地表面は，主に樹冠部で餌を採る鳥にとって，あまり得意な場所ではないからだ．

もちろん，上で述べたように，繁殖期の混群においても各メンバーの採食効率は上昇したし，非繁殖期の混群でも捕食者に対する警戒は必要だろう．混群劇団におけるアカオオハシモズの役回りの違いを決めたのは，季節によって，他のメンバーたちの強い関心が，捕食者防衛と採食効率のどちらにより向いているかなのだろう．つまり，餌資源が豊富で単独やペアで行動することの多い繁殖期には，捕食者に対する防衛が大きな関心事であり，警戒性の強いアカオオハシモズの繁殖グループについてまわることで混群ができる．一方，餌資源が少ない非繁殖期には，効率のよい採食が関心事となって，採食場所の似た鳥たちどうしで群れるようになり，捕食者に対する警戒性の弱まったアカオオハシモズをパートナーとして選ばなくなったのだろう．そんなまわりの鳥たちの行動の移り変わりなどまったく無関心であるかのように，繁殖期も非繁殖期もゴーイング・マイウェイなのがアカオオハシモズなのである．

4.5　混群が生み出す多様な世界

マダガスカルでの本調査隊に誘われたときに，山岸さんから与えられた課題は「混群における種間の社会的な関係がアカオオハシモズの種内社会をどのように規定しているか」であった．2回にわたる調査の結果，残念ながら，この難題への回答を見出すことはできなかった．あえて答えを出すとすれば，「混群はアカオオハシモズの種内社会にはどのような影響も及ぼさない」となるだろうか．しかし，本章で紹介してきたように逆の効果は明らかだった．つまり，アカオオハシモズの種内社会は，混群における種間社会に大きな影響を与えていたのである．

それでは，このような種間社会は，ジャルダンAの森における鳥の群集の多様性にどのような効果をもたらしているだろうか．この森では，29種の鳥が繁殖していた．数としては，階層構造の発達した温帯の落葉広葉樹林における値と変わらない．しかし，ジャルダンAの森は，構造からいえば，かなり貧相な林である．同じ構造の林ならば，日本では15種程度しか観察できないだろう．そういった意味で，鳥の群集多様性は，かなり高いと考えてよいだろう．また，群集の多様性の要素としては，種数だけでなく種構成の均等性も重要である．図4-1をもう一度見てみよう．これは繁殖期の群集について，ペア数の多いものから少ないものを並べたものである．温帯の鳥類群集では，下に凸になるのが普通であり，このへこみが緩くなるほど個体数の構成が均等になり，群集構造が多様であることを意味している．まさにジャルダンAの森の鳥では，この曲線がほぼ直線であり多様性が高いことが分かる．しかも，本章で紹介した混群の主役たちが密度構成の上位を占め，群集の構造を特徴づけていた．主役たちほどは混群への参加率は高くなかったが，上位種であるアルダブラタイヨウチョウ（*Nectarinia souimanga*），クビワニセムシクイチメドリ（*Neomixis tenella*），クロヒヨドリ（*Hypsipetes madagascariensis*），カンムリジカッコウ（*Coua cristata*）たちもまた，脇役として混群に度々参加していた．

南米の熱帯林では，繁殖期に混群構成種が安定した共通のなわばりをもつことが知られている[4,14]．この場合，混群に参加する鳥たちのつがい数はみな同じになり種構成の均等性はもっと高くなる．ジャルダンAの森の鳥たちは，そこまで極端ではなかったが，繁殖期に混群を作って行動しようとすれば，なわばりの数も自ずと制限されることになる．そのため，繁殖期に混群を作らない温帯の鳥類群集のように，少数の種が多くの個体数を占めるということは起こらないのである．熱帯で，繁殖期にも混群が作られる理由は，前項でも述べたように，密度の高い捕食者に対する防衛のためだと考えられる．慣れ親しんだ同じ行動圏をもつ異種個体どうしで1年中移動した方が，捕食者に対する回避効果が上がるのだろう．そこに，アカオオハシモズのような頼りになる種類が混じると，その効果は百人力となるに違いない．ジャルダンＡの森が多様な鳥類群集を維持して行くには，アカオオハシモズの存在が欠かせないのである．

北海道の森の混群では，体の大きい鳥が小さい鳥を攻撃して餌の横取りをしているのが頻繁に観察される．そこには他の鳥を犠牲にしてでも自分だけは生き残ろうという厳しい世界がある．ジャルダンＡの森の混群でも，アカオオハシモズが一方的についてまわられているように，利己的世界であることは間違いない．しかし，そのことでアカオオハシモズが不利益を被っているわけではない．利己的でありながら，どの鳥も損をすることのないおだやかな協調的社会が作り上げられているように見える．このような違いは，マダガスカル人ののんびりした社会と日本人の殺伐とした社会にどことなく似ているような気もしないではない．

引用文献

1）Hino, T. (1993) Interindividual differences in behaviour and organization of avian mixed-species flocks. In: Mutualism and community organization (Kawanabe, H., Cohen, J. E. & Iwasaki K. eds). pp. 87–94. Oxford University Press, Oxford.

2）Hino, T (submitted) Bird community in a dry forest of western Madagascar. Ornithological Science.

3）Bell, H. L. (1983) A bird community of lowlad rainforest in New Guinea: Mixed-species feeding flocks. Emu 82: 256–275.

4）Jullien, M. and Thiollay, J-M. (1998) Multi-species territoriality and dynamics of neotropical forest understory bird flocks. Journal of Animal Ecology 67: 227–252.

5）Hino, T. (1998) Mutualistic and commensal organization of avian mixed-species flocks in a forest of western Madagascar. Journal of Avian

Biology 29: 17-24.

6) Hino, T. (2000) Intraspecific differences in benefits from feeding in mixed-species flocks. Journal of Avian Biology 31: 441-446.

7) Krebs, J. R. (1973) Social learning and the significance of mixed-species flocks of chickadees (*Parus* spp.). Canadian. Journal of Zoology. 51: 1275- 1278.

8) Caraco, T. (1979) Time budgeting and group size: a theory. Ecology 60: 611-617.

9) Swynnerton, C. F. M. (1915) Mixed bird parties. Ibis 67: 346-354.

10) Brockmann, H. J. and Barnard, C. J. (1979) Kleptoparasitism in birds. Animal Behaviour 27: 487-514.

11) Lack, D. (1954) The natural regulation of animal numbers. Crarendon Press, Oxford.

12) Murakami, M. (2002) Foraging mode shifts of four insectivorous birds under temporally varying resource distribution in a Japanese deciduous forest. Ornithological Science 1: 63-69.

13) Mizuta, T. (2002) Seasonal changes in egg mass and timing of laying in the Madagascar Paradise Flycatcher *Terpsiphone mutata*. Ostrich. 73 (1& 2) (in press).

14) Munn, C. A. and Terborgh, J. W. (1979) Multi-species territoriality in neotropical foraging flocks. Condor 81: 338-347.

アカオオハシモズの社会

Social organization of the Rufous Vanga

この鳥の社会はペアに息子がつく社会だ．カラーリングに注目．

口絵II-1　アカオオハシモズの巣は最初の枝分かれした又につくられる．地上近くの幹にはビニールをまきワセリンを塗ってヘビよけにした．ビニールをまいた樹の上方に巣が見える．

口絵II-2　アカオオハシモズの天敵のひとつ，ブラウンキツネザル．

口絵II-3　一腹産卵数は4卵が多い．

口絵II-4　著しい非同時孵化，雛の大きさの違いに注目．その上まだ孵化していない卵がある．

口絵II-5　巣立ち寸前のアカオオハシモズ．

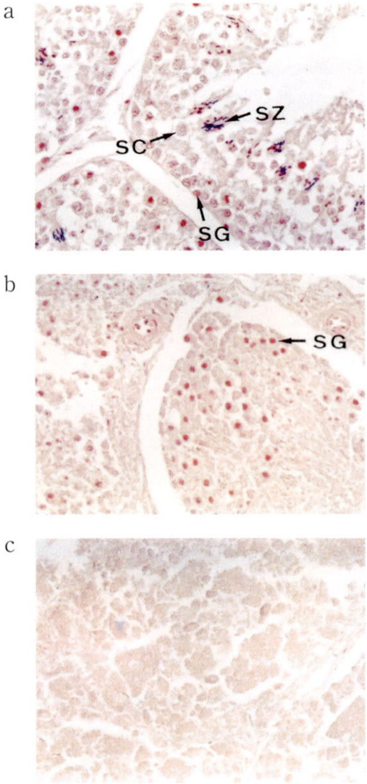

口絵II-6　あるグループのオスの精巣の発達状況.
成オス（a），斑点オス 1（b），斑点オス 2（c）の精巣の顕微鏡写真.
SG：精原細胞　SC：精母細胞　SZ：精子
（Yamagishi *et al*. 2002 より）.

口絵II-7　斑点オスのヘルパーも 2 才になると喉の下がまっ黒な大人オスになる．こうなると父親（左）と外見では見分けがつかなくなる．

オスの奇妙な生活史

Breeding biology of the Rufous Vanga

江口和洋 *Kazuhiro Eguchi*

5.1　繁殖期

アカオオハシモズはマダガスカル島東部地域の湿潤性熱帯降雨林から，西部地域の乾燥した落葉広葉樹林にまで生息しているが（図9-1と9-2参照），西部地域での繁殖期は9月〜1月である．造巣は9月下旬には始まる．その頃繁殖ペアが木々の間を移動しては木の又に座り込み，適当な営巣場所を探している姿をよく見かける．しかし，どちらかが選択権をもっているようにも見えず，営巣場所をどのように選んでいるかは分からない．ただ，ほとんどの場合，地上から見て最初の枝分かれの部分に巣は作られる（口絵II-1）．産卵は10月から始まる（表5-1）[1]．

繁殖に失敗すると，1週間以内に新しく巣が作られ，最大で4回までやり直し繁殖を繰り返す．1994年〜1999年に観察した延べ207グループの繁殖集団のうち，1回だけ営巣は95グループ，2回が87グループ，3回が19グルー

表5-1　アカオオハシモズの初卵日の月別分布（Eguchi et al. (2001)[1] を改変）

	10月	11月	12月	調査期間
1994年				10月－12月
第 1 巣	5	0	0	
やり直し巣	2	6	0	
合　計	7	6	0	
1995年				8 月－ 1 月
第 1 巣	14	9	0	
やり直し巣	3	8	4	
合　計	17	17	4	
1996				9 月－ 1 月
第 1 巣	19	3	0	
やり直し巣	0	9	6	
合　計	19	12	6	
1997年				9 月－ 1 月
第 1 巣	15	5	0	
やり直し巣	2	11	2	
合　計	17	16	2	

プ，4 回営巣を行ったグループが 6 グループあった．1 回だけで繁殖に成功するペアは少ないのである．11 月の産卵の半分以上と 12 月の産卵のすべてはやり直し産卵である（表 5-1）．しかし，産卵は 12 月までで，1 月以降は観察されていない．アカオオハシモズは 1 回産卵で，繁殖に成功した後に，2 回目の繁殖を行うことはない．

西部地域では 11 月後半から本格的な雨期が始まり，12 月後半以降はほぼ毎日降雨がある（図 2-5 参照）．雨期乾期の違いがはっきりしている乾燥熱帯地域では，降雨が繁殖の至近要因となっている種もある．例えば，オーストラリア北部の亜熱帯地域のハイムネメジロ *Zosterops lateralis* は，雨季の始まりの降雨とともにいっせいに繁殖を始める[2]．また，乾燥地に生息するキンカチョウ *Poephila guttata* は，雨期の始まりのまとまった降雨の後 2〜4 か月で繁殖を開始する．降雨はその後の植物の芽吹きと成長と，それに伴う昆虫など餌となる無脊椎動物の数の上昇を引き起こす．キンカチョウは，餌資源が豊富な時期に雛が出現し，養育できるように，繁殖のタイミングを合わせていると考えられる[3]．

マダガスカル西部のアカオオハシモズの場合，繁殖開始は本格的な降雨開始の2か月ほど前である．降雨開始は繁殖開始の至近要因とはなっていないと思われる．アカオオハシモズは葉層内の植食性昆虫（チョウ目幼虫など）などとともに，地上性のサソリ，ムカデなどもよく採餌する（後述）．これら地上性の餌は降雨の有る無しですぐに個体数に変化がおきるというような動物ではないので，アカオオハシモズは昆虫食専門の鳥類ほどには降雨開始と繁殖開始が連動していないのではないかと考えられる．逆に，降雨が続くと採餌が難しくなり，雛が濡れて凍死する危険が高くなる．このため，1月以降の産卵がないのではなかろうか．産卵が10月～12月の3か月に限られるとしたら，繁殖期はそれほど長くはない[4]．

また，アカオオハシモズの雛は羽が十分に伸びきらず，飛翔能力が十分でない状態で巣立ちする（口絵II-5，図5-1）．巣の捕食の多い種では，雛がある程度動きまわれる状態で巣立った方が有利であろう．その一方で，巣立ち後の雛の養育が長くなる．巣立ち雛の親への依存期間がどれほどであるか定量的なデータはないが，1996年のHグループで11月5日に巣立った雛が，20日後にまだ親につき従っているのが観察されている．このHグループは繁殖開始が最も早いグループであった．早いグループでさえ11月末でもまだ親による養育が必要である．巣立ち後の親への依存が1か月近くになるのが普通ならば，良好な条件下で2回目の繁殖を行うのは無理だろう．

図5-1　カラーリングをつけた巣立ち雛.

5.2　巣の形態と営巣場所

巣はボウル状で，地上4メートルほどの，木の又に作られる（図5-2）．巣の材料は，コケ，小枝，枯葉，木のくず，樹皮，綿状の繊維などで，これらをクモの巣で固定する（表5-2）[1]．造巣は雌雄協同で行う．造巣の初期には首のまわりにクモの糸を巻きつけて運び，巣の場所となる木の又にこれらのクモの巣を塗りつける．次に，これら大量のクモの巣の上に材料を積み上げ，産

図 5-2　木の又に作られたボウル状の巣．抱卵しているのはオスの成鳥．

表5-2　運ばれてくる巣材の材料ごとの頻度（%）．造巣の進行具合によって 3 段階に分けた．（Eguchi et al. (2001)[1] を改変）

造巣段階	巣材							巣材なし	運搬総数
	クモの巣	小枝	樹皮	木くず	コケ	木の葉	繊維		
初 期	64.9	8.8	4.4	11.9	1.3	1.6	2.5	4.7	319
中 期	59.4	11.1	4.8	12.8	1.7	0.4	2.4	7.2	414
晩 期	58.0	19.7	3.0	3.0	0.4	1.5	3.0	11.4	264

座の部分には細かい小枝を編みこむ．積み上げられた材料の量が増えると，巣に座り込んで胸を巣の壁や底に押しつけ，巣の形を整える．材料の量は多いがそれほど技巧を要する巣ではなく，ただ積み上げただけという感じが強い．似たような形態の巣は，同じオオハシモズ科のカギハシオオハシモズ

Vanga curvirostris やヘルメットオオハシモズ *Euryceros prevostii* で見られる（第8章参照）．

造巣に関して，奇妙な行動が観察されている．1997年のLグループのペアには大人オスのヘルパーがついていた（今後特に断らない限りヘルパーはオスである）．ペアは協同して巣材を運び，盛んに巣づくりに励んでいる．ところが，巣材は同じ木の上の枝と下の枝の2か所に運ばれている．両者は垂直方向に互いに50センチメートルほど離れている．巣材はどちらの巣にもほぼ平等に運ばれていた．メスだけが，またはオスだけがどちらか一方に偏って巣材を運ぶというようなこともなかった．このペアに比べて回数は少なかったが，ヘルパーも両方の巣に巣材を運んだ．

観察していて，どのようなつもりで彼らは巣材を運んでいるのだろうと考え込んでしまった．造巣初期の段階で突然中断して，改めて別の場所に巣を作り始めることはときどき見受けられる．また，完全に巣が出来上がったあとで，ヘルパーが別の場所に巣材を運ぶこともあるが，この場合の巣材運びは気まぐれで，すぐにやめてしまう．Lグループの造巣は数日間観察され，どちらも立派な巣の形になった．最終的には，下の巣で繁殖が始まり，上の巣は内装の途中でストップしていた．それほど精巧なつくりではないとはいっても，造巣もそれほど楽な仕事ではない．使うあてのない巣を作っても無駄だろう，人間の目からはそう見える．繁殖能力のある大人のヘルパーが自身の繁殖のための巣を作ったわけでもない．ヘルパーはペアオスの息子である．人間ならば，親が息子のために二世代住宅を建てているというところか．どっちの場所にするか，ペアの間でなかなか意見が一致しなかったのだろうか．

5.3　産卵と抱卵行動

産卵は毎日1卵ずつで，一腹産卵数（クラッチサイズ）は大部分の巣で4卵である（口絵II-3）．やり直し繁殖ではやや少なくなる（表5-3）[1]．抱卵は第1卵産卵直後に始まる．いつ孵化するのか調べるために毎日巣に登るのは大変だし，鳥の繁殖活動の妨げにもなる．そこで私たちはつなぎ竿の先端に鏡をつけて，それを差し上げて巣の中味を地上から観察する工夫をした（図5-3）．この「覗き鏡」で調べたところ，最初の雛が孵化するのは，最終卵産卵日から数えて16.2日（14〜19日；1994〜1997年の62巣のデータ）で，16日間が大部分であった．抱卵は第1卵から始まるので，16日に卵数から1日差し引いた日数を加えたものが抱卵日数である．つまり平均産卵数は4卵だから，平均抱卵日数は19日間ということになる．

産卵が始まった当初はオスの抱卵分担割合が高く，産卵終了以降にはメスとオスの分担割合がほぼ等しくなる（図5-4）[4]．この傾向は，繁殖ペアに2才以上のヘルパーがついているグループで顕著で，第1〜2卵ではオスの抱卵時

表5-3　一腹卵数，孵化ヒナ数，巣立ちビナ数の平均（±標準偏差）（Eguchi et al. (2001)[1] を改変）．

	第1巣[1]	やり直し巣[1]
一腹卵数	3.7±0.62 (n=68)	3.5±0.66 (n=57)
孵化ヒナ数	3.0±0.89 (n=52)	3.1±0.62 (n=27)
巣立ちビナ数	2.4±1.17 (n=31)	2.0±1.18 (n=11)

[1] 4年間（1994年〜1999年）のデータをまとめる．

図5-3　つなき竿の先につけた鏡で地上から巣の内を観察する．

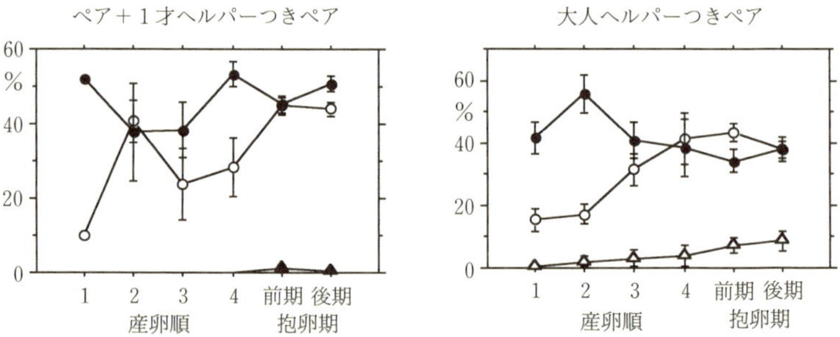

図5-4　抱卵貢献度の繁殖ステージ進行にともなう変化．縦軸は観察時間に対する各個体の巣滞在時間の割合を示す．黒丸は繁殖オス，白丸は繁殖メス，白三角は大人のヘルパー，黒三角は1才ヘルパー．（Eguchi and Yamagishi（印刷中）[4] より）

間は観察時間の40〜50パーセントを占めているが，メスでは20パーセント以下である．産卵が進むにつれてメスの抱卵時間は長くなり，産卵終了後は雌雄の平均抱卵時間はほぼ等しくなる（図5-4）．

このようなオスの抱卵行動は奇妙である．メスが受精可能な時期はオスによるメスの防衛（配偶者防衛）が多くの種で見られる．例えば，ヨーロッパカヤクグリ *Prunella modularis* の一妻二夫のグループでは，優位オスはメスが受精可能な産卵期にはメスについてまわり，劣位オスの交尾を防止するような行動が知られている[5]．アカオオハシモズでは2才以上のヘルパーが繁殖メスと交尾し，実際に授精させたのではないかと推定される例がある[6]．このような「ペア外交尾」を防ぐためにも，繁殖オスは産卵期にはメスについてまわり，2才以上のヘルパーを排除することが重要であると考えられる．実際に，オスは2才以上のヘルパーがメスに接近するのを目撃した場合には，しばしばそのヘルパーを追い払う（図5-5 a, b）．しかし，優位オスがメスに積極的についてまわるような行動は見られず，第1卵産卵後は巣についていることが多い．一方，メスは巣から離れていることが多く，この間しばしばヘルパーが近くにいて，メスへ給餌することも観察されている．メスはほとんどの場合，ヘルパーの給餌を拒まず，時にはヘルパーから餌を奪い取ることさえある．

2才以上のヘルパーの授精が強く示唆された1997年のグループTXでの観察では，第1卵産卵後に優位（ペア）オスは観察時間の57パーセント巣に座っており，一方，メスは18パーセント，第2卵産卵後で，優位オスが79パーセント，メスが7パーセント，第3卵目からオス・メスの割合が逆転し，それぞれ38パーセント，48パーセント，第4卵目で10パーセント，64パーセントであった．この間，劣位のヘルパーはほとんど巣に座ることはなく，優位オスは巣から見える範囲でヘルパーがメスに近づいた場合は頻繁にヘル

a

b

図5-5　息子が2才になって喉が黒くなり，かつ母親が変わると，父親と息子の間は緊張が高まるようだ．

a：メス（左），父親（中），息子（右）．

b：父親（右）が息子（左）を攻撃しようと舞い上った瞬間．

パーを追い払っていた．しかし，抱卵に専念しており，メスについてまわってヘルパーを排除するようなことはなかった．交尾を防ぐためのメスの防衛という従来の考えからすると，アカオオハシモズのオスの行動は不可解としか言いようがない．アカオオハシモズのヘルパーは繁殖オスの息子であることが多く，稀には兄弟のこともある（第3・6章参照）．包括適応度の側面から考えると，血縁の近いヘルパーの交尾は，非血縁のオスの交尾ほどには，繁殖オスにとって不利な状況ではないかもしれない．1995年のペアだけでヘルパーのいないTグループのなわばりに，産卵終了後に大人オスが侵入し，繁殖終了後までとどまった．このグループの繁殖オスは，ヘルパーのいる他のグループに比べるとより激しく侵入オスを攻撃していた．侵入オスと繁殖オスの血縁関係は明らかではないが，ヘルパーが非血縁であると繁殖オスの攻撃や抱卵行動にも違いがあるのかもしれない．

奇妙といえば，このTグループの侵入オスの行動もかなり奇妙である．このグループは10月29日に産卵が終了し，抱卵が始まった．侵入オスは未標識個体であるが，10月30日まではTグループのなわばり周辺では存在が知られていなかった．11月2日に侵入して，ペアオスにしつこく追い払われているのが観察されている．ところが，11月4日にはこの侵入オスはTグループの巣で抱卵していた．抱卵時間は長く，観察時間の20パーセントを占めていた．この日はペアオスはまったく姿を見せず，なわばりの乗っ取りがあったのかと思ったほどである．ところが，11月7日にはペアオスが姿を見せ，抱卵を再開すると同時に侵入オスを激しく攻撃していた．結局，ペアは子育てに成功し，一方，侵入オスはなわばりの周辺部に居座り続け，雛の巣立ち後は再びペアメスへの追随を再開し，その度にペアオスの攻撃を受けていた．このような状況から見て，侵入オスは自分の子ではない卵を抱卵していたことになる．ペアメスの態度も不可解で，侵入オスが抱卵していた日は，この個体に対して特に敵対行動も見せず，ペア相手に対する態度と特に違ったところはなかった．

5.4　孵化のパターン

鳥類の卵は発育ゼロ点以上に温められることで胚の成長が始まる．胚の成長が始まるまでは，卵は低温でも生存するが，一度発育ゼロ点を超えると卵が冷えたとき，胚の死亡がおきる．だからいったん抱卵を開始するとその後は手を抜くことができない．第1卵から抱卵を開始すると，第1卵は早く，後から生まれた卵ほど遅く孵化することになる（非同時孵化という）．

非同時孵化するかどうかは，通常，抱卵開始時期に関係する．アカオオハシモズでは第1卵産卵後にすぐに長時間の抱卵を始めるために（図5-4），孵化は非同時的になるはずである（口絵II-4）．ところが，孵化のパターンを見ると，完全非同時孵化から完全同時孵化，そしてその中間の様々な孵化状態が出現し，とてもすべてが非同時孵化であるとは言えない（表5-4）[4]．第1卵産卵後の抱卵のほとんどはオスが行うので，行動から見る限りは，オスが非同時孵化を引き起こしていると考えることができる．鳥類の抱卵分担については観察の例は少なく，抱卵開始時に雌雄のどちらがイニシアチブを取るかに関しては，ほとんど研究はない[7]．第1卵からの抱卵開始もオスの抱卵割合が高いのも鳴禽類では珍しい[8]．このようなオスの抱卵開始もアカオオハシモズに特有なのかもしれない．

早い抱卵開始と非同時孵化の適応的な意義については多くの仮説が提唱されている[7]．その一つは，早く生まれた雛から次々に巣を離れることで，雛全

表5-4 孵化のパターン (Eguchi and Yamagishi (印刷中)[4] より)

巣	繁殖形態[1]	孵化雛数				BS[2]	CS[2]	初卵日	MIP[3]
		1日目	2日目	3日目	4日目				
1995									
H	py	1	2			3	3	10/ 9	16
D	pm	2	?	?	?	4	4	10/13	16
Y	py	2				2	3	10/22	17
C	pm	1	1	1		3	4	10/22	16
CX	py	2	1			3	3	10/24	18
EX	p	2	1			3	4	10/25	17
E	p	1	2			3	4	10/26	16
T	p	1	1	1	1	4	4	10/26	17
F2	p	2	1			3	4	10/28	16
G	p	1	1	1		3	4	10/28	16
M2	p	1	2	1		4	4	10/29	16
CC	p	1	1			2	3	11/ 1	17
L	py	2	1	1		4	4	11/ 7	16
EE	p	2	1			3	3	11/ 9	17
IX	p	3				3	4	11/23	17
1996									
IX	p	1	1			2	4	10/10	16
L	pm	3				3	4	10/24	16
T	p	4				4	4	10/25	17
M	p	2				2	4	11/12	18
1997									
CX	p	1	2	1		4	4	10/22	16
IX	p	3				3	4	10/27	14
JX2	py	2	1			3	4	11/ 4	16
RX4	py	1	3			3	3	12/10	16
T2	p	3				3	4	?	?

[1]：p＝ペア，pm＝大人オスつきのペア，py＝1才オスつきのペア．
[2]：BS＝ヒナ数，CS＝産卵数．
[3]：MIP (Minimum Incubation Period) ─産卵終了日から第1卵孵化までの期間．

体が捕食にあう危険を減らし，少なくとも1個体が巣立つ確率を高めるというものである[9,10]．同時孵化の場合は，一腹卵数がそろうまで抱卵を控えることで，先に生まれた卵は必要以上に巣にいる時間が長くなり，それだけ捕食や悪天候に会うリスクが高くなる．第1卵から抱卵することで，悪天候などによる卵の死亡を防ぎ，捕食から守ることができる．また，どの卵から生まれた雛も，産卵から巣立ちまでの時間が最短で，次々に巣立つことで，卵や雛全体が捕食にあい，1個体も巣立たずに終わる危険を低くする．

しかし，非同時孵化では，卵だけで巣に残される期間は短くなるが，雛が巣にいる期間は長くなる．雛が腹をすかして激しく餌ねだりをするなどして，捕食にあう危険を高めるというようなことがあると，非同時孵化によって繁殖成功は下がる[7]．アカオオハシモズでは卵でも雛でも捕食にあうことが多い．6年間のデータで見ると，産卵された272巣のうち孵化以前に失敗した巣が133巣（49パーセント），一方，雛が出現した巣127巣で巣立ちに失敗した巣が61巣（48パーセント）で，捕食にあう危険はほとんど違いはない．抱卵期間は育雛期間よりやや長いので，1日当たりの危険度は雛の方がやや高いだろうが，卵がそれほど安全というわけでもない．一腹卵がそろってからの抱卵では，さらに3〜4日ほど第1卵が巣に残される時間が長くなり，それだけ捕食にあう危険は高くなる．卵でも雛でも捕食にあう危険の高い環境では，第1卵をできるだけ早く巣立たせるために，第1卵から抱卵し，非同時孵化を生じさせることが適応的だろう．しかし，アカオオハシモズでは抱卵が早くても非同時孵化になるとは限らない．また，巣立ち日が確認された巣の半分以上で，それぞれの巣ですべての雛が同じ日に巣立っている．つまり，捕食の被害をできるだけ低くするために，抱卵開始を早めるという状況ではない．

それでは，なぜアカオオハシモズでは抱卵開始が早くなるのだろうか．産卵されて抱卵のないままに放置されていると卵の孵化率は低下するという報告もある[7]．マダガスカル西部地域では最高気温は 35 度を超え（図 2-5 参照），直射日光も強い．発育ゼロ点は 28 度前後という報告もあり[7]，もしそうなら巣によっては抱卵なしで胚の発育が始まることもあるかもしれない．一度，発育が始まると卵温を一定に保たないと胚が死亡する．夜や明け方には放射冷却で気温は 20 度以下にまで下がる（図 2-5 参照）．逆に，卵に直射日光が当たるとその部分は一時的に高温になる．低温よりも高温の方が胚の死亡を高めるので[7]，直射日光を避けるためにも抱卵が必要かもしれない．アカオオハシモズでは卵を守るために第 1 卵からの抱卵が必要で，その後の孵化パターンや巣立ちのパターンは二次的な結果に過ぎないのかもしれない．

アカオオハシモズでは抱卵開始直後は抱卵に対するオスの貢献割合が高く，産卵終了後はほぼ等しくなり，抱雛の場合はメスの貢献割合の方が高くなる（図 5-4，図 5-6）[4]．抱卵開始時の貢献割合がオスに偏っていることは重要である．卵の保護のために早い抱卵開始が必要で，抱卵が雌雄の共同であるのなら，産卵時の抱卵はメスの分担がオスほどであってもよいように思われる．共同作業と見た場合には，産卵のためのエネルギー蓄積が必要なメスは採餌に専念し，オスは抱卵に専念するという分業が成立するのかもしれない．しかし，これでも抱雛の割合がメスで高い理由は説明できない．

一方，T. Slagsvold と J. T. Lifjeld[11] は非同時孵化の適応的意義に，協同ではなく，雌雄間の利益の対立という考えを持ち込んだ．彼らはメスだけが抱卵，抱雛をする種について考え，これらの種では，メスが早く抱卵を開始することで非同時孵化を引き起こし，オスが雛や抱雛中のメスへ給餌する期間を長くし，それによりメスの給餌に割く労働分を軽減したり，オスを雛に引き付けておくことで，ペア外交尾を妨げるなどの利益を得ているという仮説を提唱した．アカオオハシモズの場合，抱卵と抱雛の貢献割合は繁殖ステージの進行とともに変化する．このパターンからは，抱卵はオスが始め，その結果，非同時孵化がもたらされると考えることができるが，それによって孵化後の雛の養育に関してオスが利益を得た様子はない．

オスにとって，配偶者防衛を放棄してまで第1卵から抱卵する利益はなんだろうか．早い抱卵が必ずしも非同時孵化を生じさせないとすると，孵化後の状況に関してオスが何らかの利益を得ているとは考えにくい．ペアのどちらかが抱卵しない限り卵の死亡が高まり，メスが採餌のために巣を空けがちということになると，オスは現時点で確保している適応度を下げないためにも抱卵せざるを得ないのかもしれない．先に述べたように，ヘルパーは自分の息子であることがほとんどなので，自身の父性が失われたとしても，間接的な利益は得ているのである．

5.5　育雛

第1卵の孵化から最初の雛の巣立ちまでは，孵化日をゼロ日として，平均14.8日である（12日～17日；1994年～1997年の37巣のデータ）．雛は尾羽が十分に伸びきらず，飛翔能力も十分でない状態で巣立つ（口絵II-5，図5-1）．

孵化後の育雛は雌雄協同で行い，巣を訪れる割合はほぼ等しい（図5-7）[4]．ただし，孵化後1週間ほどは，メスはオスに比べて抱雛に時間を割くことが多い傾向がある（図5-6）．また，成長した雛のいる巣での滞在時間もメスの方が長い．巣を訪れる回数は雌雄でほぼ等しいが，メスはしばしば餌をもたず巣にやってきて，そのまま座り込むことがあるので，餌を運んできた回数はオスより少なくなる（図5-7）．産卵から抱卵まではオスの方が巣に滞在する時間が長いが，雛が出現した後はメスの方が長く滞在する．内業と外業と言

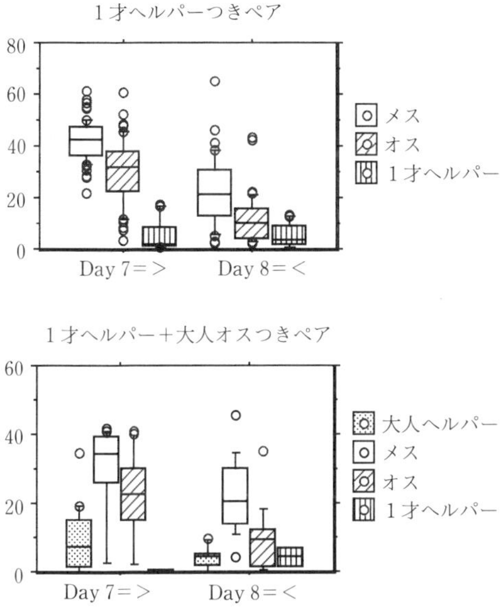

図5-6　育雛期における巣滞在時間の比較．縦軸は観察時間に対する各個体の巣滞在時間の割合を示す．育雛前半は滞在の大部分は抱雛，後半は巣に座らず日除けを行うことが多い．(Eguchi et al. (2001)[1] を改変)

うほどには分化してはいないが，ある程度の分業が成立しているようである．

雛が成長しても，強い日差しを防ぐため，親はしばしば巣の縁に立って日陰を作る．しかし，このような成長した雛のいる巣での滞在は雌雄合わせると観察時間の30パーセントを超える．日除けのためだけで巣にとどまるわけではなさそうである．観察していると，巣にいる個体はしばしば巣から飛び出して，巣に近づくあらゆる動物を攻撃する．巣につがいのどちらかがとどまることは捕食や巣への干渉の防止にも役に立っているかもしれない．

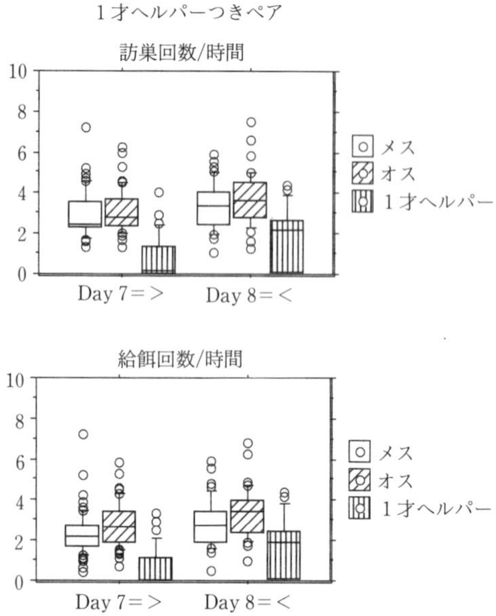

図5-7a　訪巣回数と給餌回数（1才ヘルパーつきのペア）.

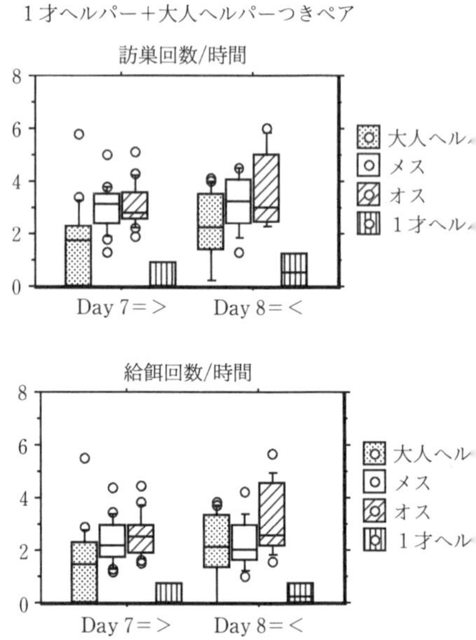

図5-7b　訪巣回数と給餌回数（1才ヘルパー
大人ヘルパーつきのペア）.

表5-5　雛へ給餌された餌メニュー．1994年～1997年の観察データ．

は虫類		昆虫		昆虫以外の節足動物	
トカゲ	31	チョウ目幼虫	220	クモ	112
カメレオン	28	チョウ目成虫	25	ムカデ	35
ヤモリ	10	コオロギ	204	サソリ	24
		その他のバッタ目	49	その他の節足動物	22
		セミ	152		
		その他の昆虫	103		

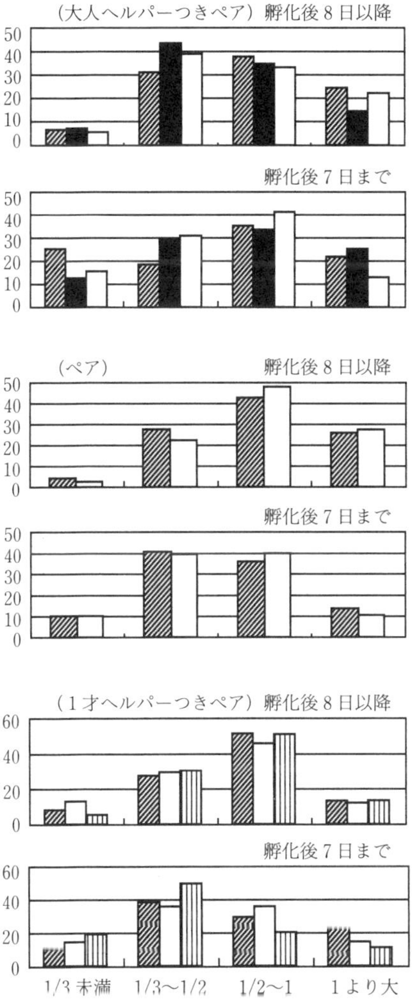

図5-8　雛へ与える餌のサイズ分布．斜線入り棒はオスないし優位（繁殖）オス，黒い棒は大人ヘルパー（劣位オス），白棒はメス，縦線入り棒は1才ヘルパー．縦軸は%．

表5-5に雛へ運ばれる主な餌の種類を示す．イモムシ，コオロギ類，セミ，クモ類が主な餌で，その他にもカメレオンやトカゲなどの爬虫類，ムカデやサソリなど土壌動物もよく運ばれてくる．アカオオハシモズは日本のモズのように地上の餌に飛び掛って捕らえることが多い．また，木の幹に取り付いているセミなど飛翔性昆虫に飛び掛る採餌法もよく見られる[12]．運んでくる餌のサイズは雌雄差はなく，雌雄で異なる餌に特殊化しているようなことはない（図5-8）．

アカオオハシモズでは繁殖ペアに1才や2才以上のオスが加わり，これらのヘルパーの一部は繁殖ペアの手伝いをする．このようなヘルパーが存在する巣では，ヘルパーが給餌を手伝う．給餌への手伝いは大きく，全体の3割ほどに達する（図5-7）．ヘルパーは造巣や抱卵も手伝おうとするがしばしば繁殖ペアから攻撃されるため実際の貢献度は低い．

1才のヘルパーと2才以上のヘルパーの給餌回数を比較すると，日齢の若い雛への給餌では，大人オスのヘルパーの方で回数が多い（図5-9）．これは，雛の日齢がまだ若いうちは1才ヘルパーの給餌回数が低いこともあるが，まったく巣にやってこない1才個体が多いことも関係している．しかし，雛が成長すると，給餌に参加する個体も，1才ヘルパーの給餌回数も増え，平均給餌回数は1才も2才以上も差はなくなる（図5-9）．そして，グループ全体を見ても，2才以上のヘルパーに限って言えば，ヘルパーの給餌への貢献は繁殖個体のものとほとんど差はなくなる（図5-7）．雛の要求が高まる時期にはヘルパーはよく働いているのである．また，日齢の若い雛へ給餌する場合，1才ヘルパーは小さい餌を多く運ぶが，この違いも雛が8日を越えるとなくなる（図5-8）．メスは巣に餌をもたずに訪れ，そのまま巣に座り込むことが多いが，1才オスが餌をもって巣を訪れる割合は繁殖オス，2才以上のヘルパーオスと違いはない．給餌の貢献割合はこれらの個体と同等だといえる．

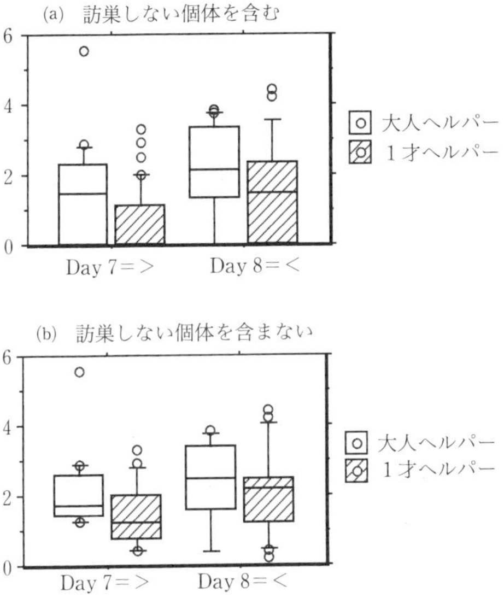

図 5-9　ヘルパーの給餌回数の比較．どちらの場合も，若い雛への給餌回数のみ有意差がある．

先に，雛へ運ばれる餌のメニューを示したが，採餌に関しては面白いエピソードがある．一つは他の鳥類から餌を奪い取る行動である．アカオオハシモズはよくガの成虫を雛に運んでくるが，飛翔性の昆虫を捕らえるのは苦手なようである．基質が頑丈でないと，飛びかかったときに体を支えることができないためだろうと思われる．このため，セミのように幹や太枝にとりついている昆虫はたくさん捕らえるが，ガの成虫などは少ない．これらの飛翔性昆虫を捕らえるのが得意なのは，テトラカヒヨドリ *Phyllastrephus madagascariensis* である．この種は地表付近で採餌することが多く，アカオオハシモズとは採餌空間が重複している[13]．このテトラカヒヨドリが目の前でガを捕らえると，アカオオハシモズはしつこく追いまわし，餌を取り上げることがある．りっぱな盗食（kleptoparasitism）である．第4章で，こうしたことは起こりにくいと記されているが，まったくおきないわけではない．

もう一つは，採餌中の個体についてまわり，飛び出す昆虫を捕らえるというように，他の鳥類を「追い出し係（勢子）」として利用する行動である．1997年調査のとき，林内をセンサス中に偶然採餌中のムナジロクイナモドキ *Mesitornis variegata* 3個体のグループに出会った．本種はマダガスカル固有の大変珍しい種類なのでじっと観察していると，数メートル離れて木の枝に止まっているメスのアカオオハシモズに気がついた．そのアカオオハシモズを見ていると，クイナモドキの近くの地上に降りて餌を捕らえた．捕らえると木の枝に戻り餌を食べたが立ち去る気配はない．しばらく観察していると，またクイナモドキの近くに降りて餌を捕らえた．クイナモドキはクイナのように地上の腐葉土を足でかきまわして餌を探す．そして，林内をゆっくり移動しながら採餌を続ける．両者をじっと観察していると，アカオオハシモズはクイナモドキの移動に合わせてついてまわり，度々地上で餌を捕らえた．アカオオハシモズは樹上でもよく採餌するが，このときばかりはすべてが地上での採餌だった．つまり，クイナモドキが地表を引っかきまわす度に飛び出すケラやコオロギを狙って，アカオオハシモズはクイナモドキについてまわっていたのである．この追随は両者を発見してから1時間54分間続き，この間にクイナモドキは350メートルほど移動し，アカオオハシモズは14回採餌を試みた[14]．このエピソードにはもう一つおまけがある．それは，このクイナモドキとアカオオハシモズの後を1羽のテトラカヒヨドリがずっとついてきたことである．テトラカヒヨドリは，クイナモドキとアカオオハシモズの動きに驚いて下生えから飛び出す飛翔性昆虫を捕らえていた．このように，他の種と一緒の群れ（「混群」という）をつくることの理由の一つは，前章でも詳しく示されているように，基本的には他種の利用である[15]．

5.6　繁殖成功

繁殖成功は低く，繁殖を試みたペアの4分の1から3分の1ほどしか雛を巣立たせることができない（表5-6）[1]．繁殖を繰り返してもそれほど向上は見られない．失敗した巣の大部分は卵や雛の全部が消失していたので，捕食にあったものと思われる．捕食を観察できた例はないが，捕食の現場や巣の近くで，ヘビ類 *Ithycyphus miniatus*，ブキオトカゲの1種 *Oplurus cuvieri*，ブラウンキツネザル *Eulemur fulvus fulvus*（口絵II-2）などが，アカオオハシモズから攻撃を受けているのをしばしば観察した（図5-10）．その攻撃は激しいことから，これらが捕食者である可能性が高い．また，多くのワシタカ類も巣からやや遠いところでアカオオハシモズの攻撃を受けている．これらも有力な捕食者であると思われる．実際，1999年の調査では，浅井芝樹さんが

表5-6　アカオオハシモズの繁殖成功（Eguchi et al. (2001)[1] を改変）

	1994	1995	1996	1997
第1巣での繁殖				
成功ペア数[1]	3	10	14	6
失敗ペア数	10	18	19	37
合計ペア数	13	31	33	43
やり直し巣での繁殖				
成功ペア数[1]	2	4	3	1
失敗ペア数	4	4	5	24
やり直し繁殖ペア数	9	13	14	26

[1] 少なくともヒナ1個体を巣立たせたペアを成功ペアとした．

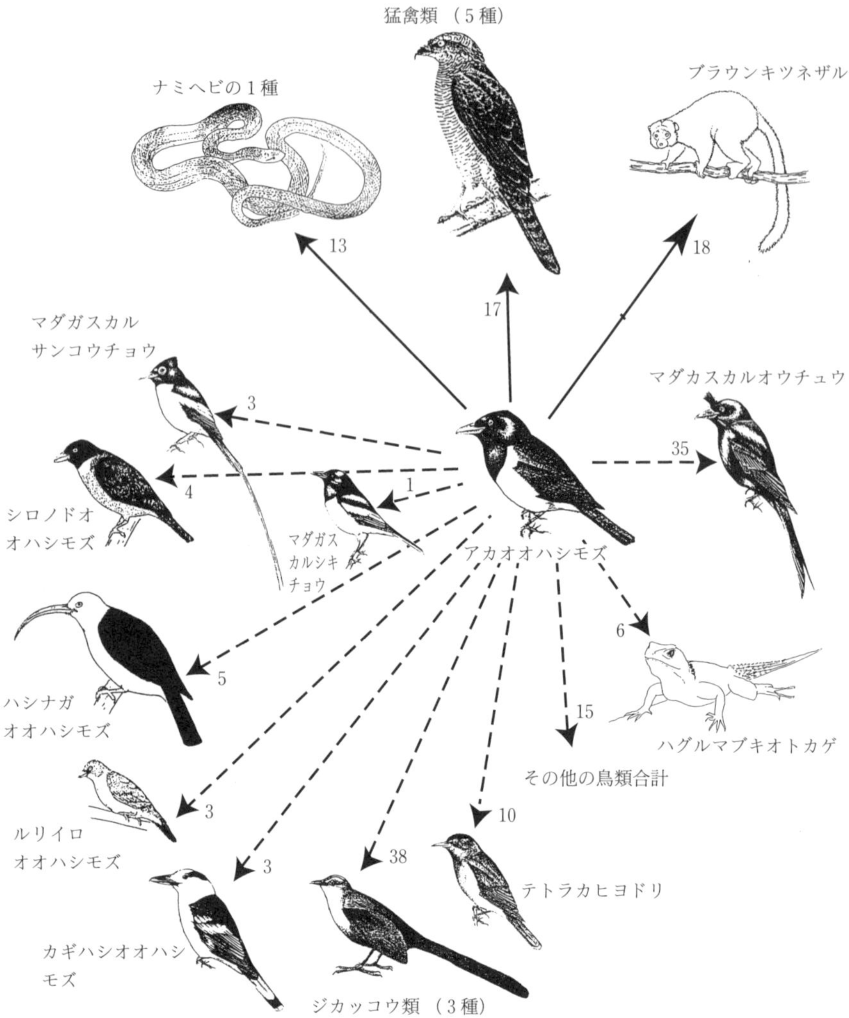

図5-10　アカオオハシモズからの捕食者ないし干渉者への防衛行動（モビング行動）の目撃例．実線矢印は危険な動物を，点線矢印はそれほど危険でない動物を，数字は1994年から2000年までの延べ目撃回数を示す．（浅井・江口，未発表）

繁殖メスがマダガスカルオオタカ *Accipiter henstii* に捕らえられるのを観察している．しかし，巣への捕食があるかどうかは不明である．

一方，雛が成長の途中で死亡していく，雛数減少（brood reduction）の例は少ない．雛が途中で死亡した例は孵化後10日まで生存した69巣のうち12巣（17.4パーセント）だけである．巣内での雛の死亡は孵化後1週間以内におきることが多く，遅れて孵化した雛が兄弟に押しつぶされたりしたせいではないかと考えられる．これらのことから，アカオオハシモズでは深刻な餌不足はなく，餌不足が重要な死亡要因となってはいないと考えられる．繁殖成功は年によって変動が大きい．1997年は特に繁殖成功が低下している（表5-6）．その理由については明らかではないが，ほとんどの失敗原因は捕食だろうと思われるので，何らかの原因で捕食が高まったのであろう．

営巣場所の高さが繁殖成功に影響することはいくつかの種で知られている．季節が進行するとアカオオハシモズの巣の高さはやや低くなるが，傾向は有意ではない．これに対して，第1巣とやり直し巣の間では異なり，やり直し巣では高さが低くなる（表5-7）[1]．アカオオハシモズの繁殖失敗のほとんどは捕食なので，失敗後の営巣場所の変化は，より捕食を少なくするような方向への適応的な変化ではないかとも考えられるが，残念ながらデータからはそ

表5-7　巣の高さと営巣樹の胸高直径の季節変化（±標準偏差）（Eguchi et al.(2001)[1]を改変）

	9月/10月[1]	11　月	12　月
巣の高さ			
第1巣	4.3±1.29 (102)	3.8±0.80 (11)	3.5± 0.71 (2)
やり直し巣	3.8±1.57 (20)	3.8±1.49 (44)	3.7± 1.36 (13)
胸高直径			
第1巣	15.0±5.88 (102)	14.6±6.05 (11)	23.3±18.03 (2)
やり直し巣	12.9±4.29 (20)	13.3±5.09 (44)	15.2± 5.79 (13)

[1] いくつかの巣では正確な造巣開始日が不明だったので，9月と10月をまとめた．

のような結論は引き出せない．単純に巣の高さを成功した巣と失敗した巣で比較すると，第1巣では成功巣の平均高が 4.0±1.2 メートル (n = 32)，失敗巣で 4.3±1.3 メートル (n = 81)，やり直し巣では，それぞれ 3.6±1.5 メートル (n = 10)，3.6±1.4 メートル (n = 57) というように両者に有意な差はない．アカオオハシモズの巣は高さによって繁殖成功に違いは生じない．そうすると，やり直し巣で高さが低くなるのは，繁殖成功を高める適応的な変化ではないようである．

5.7　まとめ

アカオオハシモズの西部地域個体群は，雨期が始まる前の9月から雨期が本格化する1月までの間に繁殖を行う．乾燥地域に生息しながら，降雨の始まりは繁殖開始の引き金となっていない．繁殖は1回だけだが，失敗した場合はやり直し繁殖を繰り返す．

第1卵産卵後から抱卵を始めるが，孵化のパターンは非同時孵化から完全な同時孵化まで様々である．オスが第1卵から長時間抱卵を行うことが特徴的で，産卵期間中にはオスの目立った配偶者防衛行動は見られない．メスの抱卵時間は産卵終了までに徐々に増加し，産卵終了後は雌雄の貢献度はほぼ等しくなる．孵化後の抱雛はメスに偏り，雛が成長した後も，メスは巣にとどまる時間が長い．オスによる第1卵からの抱卵開始は必ずしも非同時孵化を生み出さないので，捕食への適応ではなく，卵の保護や卵の孵化失敗を防ぐような機能をもつと思われる．

繁殖単位はペアであるが，1才や2才以上のオスが繁殖ペアに付随して繁殖を手伝うことがある．これらヘルパーの給餌への貢献度は高く，1 巣への給餌の 3 割ほどを占める．

繁殖成功は低く，半分以上のペアがやり直し繁殖を行う．しかし，やり直し繁殖でも繁殖成功は向上しない．繁殖失敗のほとんどは捕食であると考えられる．高い捕食圧は熱帯地域の他の鳥類にも共通する．アカオオハシモズの個体群研究は捕食圧と生活史の進化の関係に光を与えることだろう．

引用文献

1）Eguchi, K., Nagata, H., Asai, S. and Yamagishi, S. (2001) Nesting habits of the Rufous Vanga in Madagascar. Ostrich 72: 201–218.

2）Kikkawa, J. and Wilson, J. M. (1983) Breeding and dominance among the Heron Island Silvereyes *Zosterops lateralis chlorocephala*. Emu 83: 181–198.

3）Hahn, T. P., Boswell, T., Wingfield, J. C. and Ball, G. F. (1997) Temporal flexibility in avian reproduction patterns and mechanisms. In Current Ornithology vol. 14 (eds. Nolan, V., Jr., Ketterson, E. D. and Thompson, C. F.), pp. 39–80, Plenum Press, New York.

4）Eguchi, K. and Yamagishi, S. (2002) Onset of incubation and hatching pattern in the Rufous Vanga. J. Yamashina Inst. Ornithol 34 (in press).

5）Davies, N. B. (1992) Dunnock behaviour and social evolution. Oxford University Press, Oxford.

6）Yamagishi, S., Asai, S., Eguchi, K. and Wada, M. (2002) Spotted-throat individuals of Rufous Vanga *Schetba rufa* are yearling males and presumably sterile. Ornithological Science 1: 95–99.

7）Stoleson, S. H. and Beissinger, S. R. (1995) Hatching asynchrony and the onset of incubation in birds, revisited: When is the critical period? In Current Ornithology vol. 12, Plenum Press, New York.

8）羽田健三 (1986) 鳥類の生活史，築地書館，東京．

9）Magrath, R. D. (1990) Hatching asynchrony in altricial birds. Biol. Rev.

65: 587-622.
10) Clark, A. B. and Wilson, D. S. (1981) Avian breeding adaptations: hatching asynchrony, brood reduction, and nest failure. Q. Rev. Biol. 56: 253-277.
11) Slagsvold, T. and Lifjeld, J. T. (1989) Hatching asynchrony in birds: the hypothesis of sexual conflict over parental investment. Am. Nat. 134: 239-253.
12) Yamagishi, S. and Eguchi, K. (1996) Comparative foraging ecology of Madagascar vangids (Vangidae). Ibis 138: 283-290.
13) Eguchi, K., Yamagishi, S. and Randrianasolo, V. (1993) The composition and foraging behaviour of mixed-species flocks of forest-living birds in Madagascar. Ibis 135: 91-96.
14) Eguchi, K. (1998) The White-breasted Mesite: Rufous Vanga's beater. Newsletter of working group on birds in the Madagascar region 8: 5-6.
15) 日野輝明 (1997) 鳥類の種間社会．山岸哲編「鳥類生態学入門」，113-127，築地書館，東京．

パラサイト・シングル？いや，リクルート戦略！

The role of helpers in Rufous Vanga society

江口和洋 *Kazuhiro Eguchi*

6.1　必要な予備知識：なぜ協同繁殖をするのか

自分自身は繁殖せず，繁殖個体の手伝いをする個体を一般にヘルパーと呼び，このような繁殖形態を協同繁殖と呼ぶ．協同繁殖をする鳥類は世界中で220種以上（約3パーセント）が知られている[1]．こうしたヘルパーによる手伝いは，ペアの繁殖成功の向上に役立っていることが多くの種で知られている[1,2,3]．しかし，自分自身は繁殖せず，他個体の繁殖の手伝いをするような習性は，自分の利益にはならず，自然淘汰の考えからすると進化しようがないので，ダーウィン流の進化論者を悩ませてきた．ここに協同繁殖の研究にチャレンジする理由がある．なお，以下に述べる協同繁殖の適応的意義について，詳しくはS. T. Emlenの総説を参照されたい（J. R. Krebs・N. B. Davies著「進化から見た行動生態学（山岸・巌佐監訳）」[3]）．

この難問に一つの解答を与えたのが，W. D. Hamiltonの血縁淘汰説[4]である．つまり，手伝い行動をするという性質はヘルパーだけでなく，血縁個体も持っている可能性が高く，手伝い行動によりその血縁個体の繁殖成功が高まれば，その性質を持つ個体が世代を重ねるごとに個体群中に広まっていくということである．このような自分自身の繁殖成功（生涯に残す子の総数として表現する場合は「適応度」と呼ばれる）ではなく，他の血縁個体の繁殖成功を高めることによって，個体群中に自分自身のものと同じ遺伝子の割合を高めること（「遺伝的寄与を高める」ともいう）で得る進化的な利益を「（手伝い行動の）間接的利益」と呼ぶ．また，自身の適応度に血縁個体を通じて得られる遺伝的寄与の分を加えたものを「包括適応度」と呼ぶ．

この血縁淘汰説による協同繁殖の適応的意義の解釈は，研究者の興味を掻き立てた．血縁淘汰説からは，ヘルパーと手伝い行動の受け手とは血縁関係があり，ヘルパーにとっては自身が繁殖するより，手伝いをして得た間接的利益の方が大きいという予測が導き出される．これらが測定できれば仮説の検証は可能である．多くの種で手伝い行動の間接的利益を測定し，自身が繁殖した場合との比較がなされた．しかし，ほとんどの種では，手伝いするよりも自分自身が繁殖した方が子孫への遺伝的寄与が大きいことが分かった．間接的利益だけでは説明できなかったのである．

そこで，遺伝的な要因よりも生態的な要因を見出すことに力が注がれた．すなわち，（1）繁殖個体の繁殖成功を高めることで，群れサイズを大きくしてなわばりの維持，拡大を容易にする．そのことによって，ヘルパー自身はそのなわばりで資源を確保でき，生存率を高めることができ，また，拡大したなわばりの一部を将来分割してもらうとか，現在のなわばりを継承する可能性が高まる．これは，その個体群ではなわばりが不足しており，出自なわばりから分散すると生存が難しくなり，繁殖もできないということを前提としている．（2）また，手伝うことで繁殖，育雛の経験を身に付け，将来自身が繁殖する場合の成功率を高める，（3）将来の自身の繁殖のためのヘルパーを育てる，（4）繁殖メスが非血縁個体の場合は自身を繁殖者として認めてもらう．このようなヘルパー自身への直接的利益が考えられる[3]．

6.2　ヘルパーの確認

オオハシモズ類ではアカオオハシモズ[5]とチェバートオオハシモズ *Leptopterus chabert*[5]，シロガシラオオハシモズ *Leptopterus viridis*[6]，ハシナガオオハシモズ *Falculea palliata*[7]で，ペア以外のヘルパーが育雛を手伝うことが報告されていたが，これまで詳細な報告はなかった．本書の第1章で述べたように，山岸哲さんたちは1991年に西部地域のアンピジュルア研究林で，アカオオハシモズのペアに大人オス（喉黒鳥）や1才のオス（斑点鳥）がつき，給餌を手伝うことを観察した[8]．しかし，これら付随しているヘルパーがどのような由来であるか，手伝いの効果はどうかなど詳しいことは分からないままだった．1才の方はある程度予測はつく．多くの協同繁殖種では，息子が親元にとどまり，親の手伝いをすることが知られていたからである．では，大人オスの方はどうだろうか．息子の成長した姿だろうか．それともヨーロッパカヤクグリのように，非血縁のオスどうしが1個体のメスとともにトリオを形成しているのだろうか[9]．このあたりが，1994年から始まった私たちのプロジェクト，「オオハシモズ類の社会進化」の出発点になった．

6.3　娘は出てゆき，息子は残る

鳥類や哺乳類の子は，ある程度成長すると親元から分散する．これを出生地分散（natal dispersal）という．この分散の時期や距離などに性差があることが知られている．鳥類の場合，メスが遠くへ分散し，オスが出自なわばりの近くになわばりを確立する．協同繁殖種では，多くの場合，メスは1才時には親元を離れて配偶者を獲得し，オスは分散せずに親元にとどまり，その後に出自なわばりの近くになわばりをもつ．アカオオハシモズもこの典型に当てはまる．

表6-1に巣立ち後1年まで生存が確認された個体が1才の時の繁殖期にどのような状況であったかを示す[10]．メスの多くは繁殖期の始まりまでには調査地外に分散した．10個体だけが調査地内にとどまり，そのうち7個体は出自なわばりを出て配偶者を獲得した．6年間の調査期間中，親元にとどまったメスが3個体だけいたが，彼女らは他のメンバーと行動をともにすることはほとんどなかった．一方，オスの方はほとんどが親元にとどまり，1才で繁殖

表6-1　1才個体の地位．（Eguchi et al. (2002)[10] より）

	親元にとどまる			分散した	
	手伝う	手伝わず	不明	繁殖	未繁殖
オス	13	13	14	0	4[1]
メス	0	3	0	7	18[2]

[1]：3個体は出自なわばりを出てヘルパーとなり，1個体は放浪個体となる．
[2]：すべて次の繁殖期までに調査地域から出ていく．

表6-2　アカオオハシモズの精巣サイズ（Yamagishi et al. (2002)[11] より）

個　体	年　齢	体　重 (g)	ふ蹠長 (mm)	両精巣の重さ (mg)	右精巣の体積 (mm^3)
繁　　殖	2才以上	37.6	24.3	171.5	75.4
ヘルパー	1才	39.4	24.4	60.8	38.5
ヘルパー	1才	39.8	23.8	14.5	13.1

する個体はなかった．例外的に4個体が出自なわばりから分散し，うち3個体は別のなわばりグループに加入してヘルパーとなり，もう1個体は放浪個体となった．

1才オスはなぜ分散しないのか？　一つの理由は，彼らが性的に未成熟で繁殖能力がないということである．1998年の調査では，捕獲したオス3個体の精巣を摘出した．この3個体は同じグループに属する2才以上の優位（繁殖）オス1羽と1才のヘルパー2羽であり，捕獲した時期には巣作りをしていた．この時期に捕獲したのは，すでに生理的には繁殖の準備ができており，十分に精巣が発達していると考えられたためである．しかし，摘出した精巣について1才のヘルパー2羽を見てみると，体のサイズは十分に大きいのに，精巣サイズは2才以上のオスに比べてずっと小さかった（表6-2）[11]．また，この摘出した精巣の断面を顕微鏡で観察すると，繁殖（優位）オスの精巣では十分な量の精子が作られていたが，ヘルパー2羽では十分な量の精子が作られておらず，明らかに性的に未成熟であることが分かった（口絵II-6）．調べられた個体数が十分ではないが，アカオオハシモズでは1才のオスは性成熟していないと思われる．一方，2才以上のヘルパーでは精巣が調べられたことはないが，繁殖（優位）オスがいない間に2才以上のヘルパーがメスと交尾しようとした例が観察されており[11]，2才以上ではヘルパーであっても性成熟しているようだ．性成熟に達していなければ，なわばりを獲得してもそれを維持しておく意味があまりない．多くの干渉を単独で引き受けるより，成熟まで親元にとどまって，共同で親のなわばりを防衛して，そこから得る利益（安全と餌資源）を享受していた方が有利だろう．

次にこれらの1才オスのその後はどうだろう．表6-1に示した44個体の1才オスのうち，29個体が翌年も調査地内にとどまり，そのうち9個体が独立してなわばりと配偶者を獲得したが，20個体はヘルパーの地位のままだった．この20個体のオスのうち16個体はそのまま出自なわばりにとどまり，4個体は別のなわばりへ移動してヘルパーとなった（図3-9も参照）．繁殖能力を獲得してもなわばり獲得の道は厳しいのである．

このようなオスの出自なわばりへの固執（natal philopatry）の強さの結果，ペアに付随するヘルパーのほとんどはそのペアの息子ということになる．ヘルパーのいるペアの比率は，年によって変動するが，ほぼ3分の1程度（24〜43パーセント）を占める．このヘルパーのうちで2才以上のオス（大人オス）の占める割合は33〜62パーセントである．2才以上のヘルパーのいるグループは，ヘルパーのいるグループの3分の2を占める（口絵II-7）（表3-3も参照）．繁殖能力をもっていてもヘルパーとしてとどまる理由は何だろう．

すでに第3章の「ピンク縞々」一族の例で見たように，オスは単独で分散，独立し，ほとんどは前年までヘルパーとして過ごしたなわばりの隣に新しくなわばりを創設する（表6-3）[10]．つまり，大部分は出自なわばりの一部を分割するか，隣りのなわばりとの隙間になわばりを創設するかである．1例だけ，繁殖（優位）オスが消失して，劣位のヘルパーがその地位とメスを手に入れた．侵入したオスが乗っ取った例もわずか2例しかない．乗っ取りの場合でも出自なわばりに近いところに限られる（表6-3）．

このように見てくると，オスがなぜ親元にとどまるかは，ほぼ説明がつく．まず，放浪個体は稀である．ということは，何らかの集団を作らないと繁殖

表6-3　なわばり獲得のパターン．（Eguchi et al. (2002)[10] より）

	2才オス	3才以上
合計	12	9
優位オスと入れ替わり	0	1
前年のなわばりに隣接		
創設	8	6
乗っ取り	1	0
なわばり1つ離れる		
創設	2	0
乗っ取り	0	1
放浪個体	1	1

どころか，日々の生活にも支障を来たすのではないかと考えられる．第5章で述べているように，餌資源が不足しているようには見えない．調査地域は連続した森林であり（口絵 I -4 参照），生息適地が不適地の中に島状に分布しているわけではなく，生息適地が不足しているわけでもなさそうである．ただし，図3-8で見るように，この森林内がなわばりで埋め尽くされている可能性はあるが，これも図で見るほどコンパクトにつまっているわけでもなさそうだ．放浪個体がどこかのなわばりに侵入する度に，なわばり占有者の攻撃を受け，落ち着いて餌も取れないということはあるだろう．このような，なわばり占有者からのハラスメントに1個体で対抗するのはかなり困難であろうと思われる．通常はペアを形成して他個体の攻撃に対抗するだろうが，未成熟のオスはメスを獲得することもできない．先ほど述べたように，親元にとどまって，共同でなわばりを防衛するに限る．

さらに，独立のパターンから分かるように，親元にとどまることでなわばり獲得の機会を高めることができる．なわばりは完全に飽和しているわけではなさそうである．1994年からの6年間で調査地内のある特定の区画内では，四つのなわばりが消失して，八つが新しくできた．四つ増えたことになり，なわばりがぎりぎりの状態まで飽和していたわけでもなさそうである．がんばれば，なわばり間の隙間に新しくなわばりを作るだけの余裕はある．一方では，先述したように，1才の単独個体はいない．このような状況からみて，調査地域ではなわばりが飽和していて空きがないので分散できないのではなく，出自なわばりにとどまる方が利益が高い（「非分散利益仮説（the Benefits-of-Philopatry hypothesis）」[12)]）ために，1才オスは分散を控えているのだろうと考えられる．

親元にとどまることは継母との交尾により子を得る可能性も高める．繁殖メスはオスに比べるとより頻繁になわばりを移動する（図3-7と図3-8参照）．調査地中央部の区画に位置する八つのなわばりの繁殖個体の，6年間の平均滞在年数はオスで5.1年に対して，メスでは2.4年と半分以下だった．入れ替わりが起きると，新しいメスとヘルパーの間には血縁がない可能性が高くなるので，ヘルパーは継母との交尾で子を得ることが可能となる．実際，1997年にTXグループではヘルパーである劣位オスの交尾が観察され，DNAでの親子判定でも，このオスによる授精の可能性が示唆されている[11)]．また，1997年のLグループのヘルパーも，この年移入してきた継母と交尾している．このヘルパーは1999年の繁殖期も相変わらずLグループのヘルパーの身であった．この個体は，1994年に生まれているから，Hグループのもう1個体のヘルパーとともに最長のヘルパー生活（喉黒になってからでも4年）を送っている．独立する気配はなく，父親との三角関係を続ける道を選んだのだろうか．このように，親元にとどまることによってもヘルパーの繁殖の可能性は残されている．

ヘルパーは親元にとどまることで繁殖機会を高めている．どのような形であれ，一度繁殖オスの地位を獲得すると，その地位は比較的安泰である．1994

年の調査開始のときに標識された繁殖オス13個体のうち，8個体は6年後までその地位を守り通し，1個体は5年間守り通した．一般に熱帯の鳥類は寿命が長い．若いうちはしっかり修業に身を入れた方がよいということか．いや，修業せず (手伝いせず) に親元で過ごすだけでなわばりをもてる個体もいるのだ．

6.4　手伝わなくてもよいのか？

ヘルパーは繁殖ペアを手助けする．手伝いの範囲はなわばり防衛，対捕食者防衛から雛への給餌までおよぶ．図6-1にそれぞれについて，ヘルパーの参加の程度を示す[10]．対捕食者行動が観察された場合，全観察例の約60パーセントでヘルパーの参加が見られている．なわばり防衛の場合は約80パーセントである．どちらの場合も捕食者が現れたり，なわばり侵入がおきた場合，その近くにいる個体はほぼすべて参加するようである．グループ内のどれか特定の個体がよく率先して防衛行動を率いるという傾向は見られない．つまり，どの個体も等しく，リスクを負っているようである．

雛への給餌では，全給餌回数の約25パーセントがヘルパーによるもので，これは繁殖メスとほぼ同等の貢献度である (図6-1)．しかし，すべてのヘルパーが給餌を手伝うわけではない．1才オスでは，データが得られた26個体中給餌が観察されたのは半分の13個体で，残りの13個体は巣にまったくやってこなかった (表6-1)．また，グループごとにみると，ヘルパーのいるグループの約3分の1ではどのヘルパーも給餌を行わなかった．これまでの協同繁殖の研究ではヘルパーはどれもほぼ同等の貢献をするというように考え

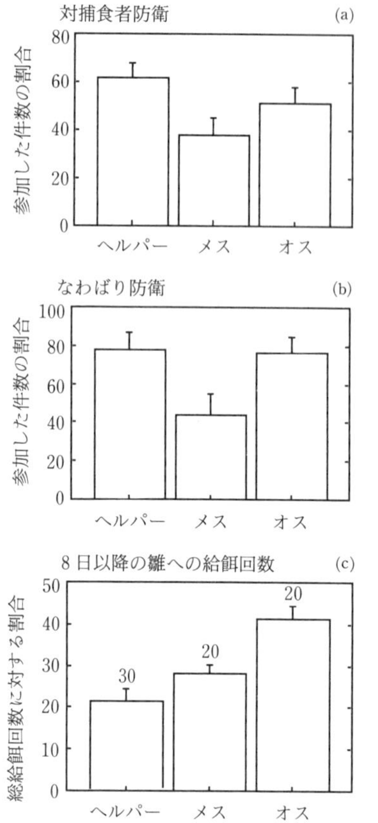

図6-1　ヘルパーの貢献度．(Eguchi et al. (2002)[10] より)

られている[12]．アカオオハシモズの場合，手伝う個体とそうでない個体の貢献度の違いは大きい．例えば，同じグループのヘルパーでも，よく給餌する個体は全体の40パーセント以上を分担し，働かない個体は分担率ゼロである．言い換えれば，手伝わずに親元にとどまることを許されている個体が3分の1以上はいるということである．

協同繁殖を問題にするとき，私たちはヘルパーはどれも手伝いをすると，あまり意識せずに考えてはいないだろうか．通常，「ヘルパー＝手伝う」という図式をそのまま受け入れてはいないだろうか．しかし，ヘルパーの3分の1，年によっては半分近くが，少なくとも給餌に関しては何ら貢献せず，にもかかわらず，なわばり内にとどまることができるということは，並み居る協同繁殖種の中でもかなり変わり者の部類に入るのではないだろうか．個体によっては貢献度は非常に高いのだから，この「働かない個体」の存在はアカオオハシモズの協同繁殖を考える際にかなり重要な問題であると思われる．また，アカオオハシモズの協同繁殖を論ずるとき，「手伝わないヘルパー」と「手伝うヘルパー」をきちんと使い分けなければならないという，やっかいな問題が生じてくるのである．

給餌への貢献はヘルパーの中でも，1才オスと大人オスでは少し異なるようである．大人オスは雛の日齢が若いうちから積極的に給餌を行い，一方，1才オスは雛の日齢が若いうちは貢献度が低い（図6-2）．しかし，雛が成長すると1才オスの貢献度は大人オスと差はなくなる．

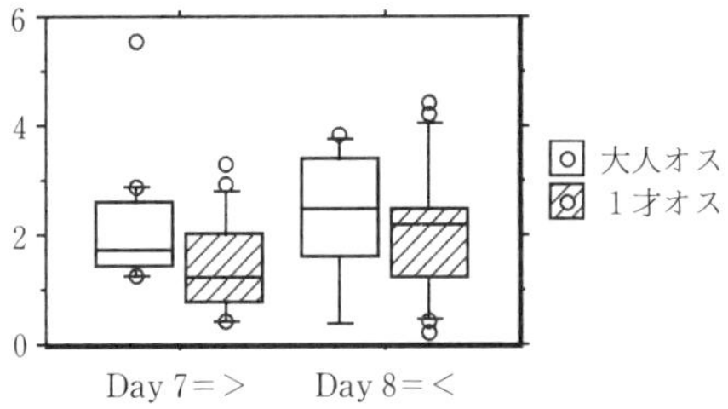

図6-2　ヘルパーの給餌回数の比較．若い雛への給餌では1才ヘルパーの方が大人ヘルパーよりも働きが悪い．両者には有意差がある．

給餌回数はヘルパーの個体間で大きく異なる．このような給餌回数に個体差が生ずる理由として，父性のあるなしが指摘されることがある．例えば，繁殖能力のあるオスどうしが1個体のメスとトリオを形成した場合，オス間に順位が生じ，劣位オスは優位オスにより繁殖機会を奪われる．劣位オスはメスとの交尾機会をうかがうが，もし，交尾が成功した場合は，劣位オスの育雛貢献度が上昇することが，ヨーロッパカヤクグリなどで知られている[9]．マミジロヤブムシクイ *Sericornis f. frontalis* でも，繁殖メスとの血縁がない場合はヘルパーは雛への給餌を高める[13]．ヨーロッパカヤクグリでは交尾機会が低い場合は劣位オスは生まれた雛へほとんど給餌しない．これらの観察は次のことを示している．つまり，メスと血縁がないことは，近親交配の心配なく交尾が可能になるということである．そのようにして，子を得た可能性が高ければ，劣位オスは自分の子の生存を高めるために，給餌を熱心に行うということである．もし，メスが母親であれば，交尾はおきないし，非血縁でも交尾機会がなかったら，生まれた子は自分の子ではないので，給餌はそれほど熱心でない．

繁殖能力のない1才オスでも同様の傾向は期待できる．すなわち，来年以降に受け入れられることを期待して，メスに対して自己の育雛能力をアピールするということがあれば，1才オスでもメスと非血縁であった場合には熱心に給餌するだろう．しかし，アカオオハシモズでは非血縁メスが繁殖個体である場合に予測されたような，給餌回数の上昇は見られなかった．なぜなら，1才オスと大人オスを含むグループで給餌回数を比べると，非血縁の場合は1.39±1.67回（n = 9）であるのに対し，血縁の場合は1.88±1.50回（n = 17）で，両者には有意な差はなかった．また大人オスのみのグループでは，非血縁の場合は2.48±1.66回（n = 4）で，血縁の場合は2.25±1.59回（n = 5）となり，これもまた有意差はなかったのである．さらに，親子判定により父性がありそうだとされた1997年のTXグループの劣位のヘルパーも，特に給餌回数を高めることはなかった．ただ，多くの個体で父性を確認して，給餌回数の比較を行えるほどデータは多くない．要するに，残念ながら「手伝うヘルパー」と「手伝わないヘルパー」が存在することのうまい説明は今のところないのである．

ヘルパーは巣材運びや抱卵も手伝おうとする．しかし，その貢献割合は低い．すなわち，巣材運びについては1才オスが4パーセントで，大人オスは5パーセントであった．抱卵については1才オスが1パーセントで，大人オスは10パーセントであった．このように貢献度が低いのは，巣材運びや抱卵のために巣に近づくヘルパーを，繁殖オスが追い払うせいである．繁殖オスは繁殖の初期には頻繁にヘルパー（特に大人オス）を攻撃する（表6-4）[10]．これをみると，繁殖オスはヘルパーの手伝いを拒否しているようにさえ見える．しかし，繁殖ステージが進み，育雛期になるとほとんど攻撃しなくなる．一方，1才オスへの攻撃はほとんど見られない．攻撃対象が大人オスに偏り，産

表6-4　繁殖ステージ進行にともなう繁殖オスによる攻撃頻度の変化（1995年～1997年）．数値は攻撃回数/観察時間（分）．（Eguci et al. (2002)[10] より）

繁殖ステージ	1 歳 オ ス	大 人 オ ス
造　巣	4/941	108/6769
産　卵	0/1196	51/5749
抱　卵	0/4385	7/8018
育　雛	0/16514	1/8595

卵期までに頻度が高いことは，配偶者防衛の意味合いが強いのかもしれない．しかし，第5章でも見たように，それほどしっかりと配偶者防衛をしているようでもない．

一方，このヘルパーによる巣材運びが本当に手伝いなのかと疑いを抱かせるような行動も観察されている．それは，ヘルパーが別の場所へ巣材を運ぶことが稀に観察されるからである．このような行動は分派独立の兆しなのかもしれない．しかし，どれも長続きせず，始まったときと同様にきまぐれのまま，また繁殖ペアの手伝いをするようになる．ほとんどは運ばれる巣材もわずかで，1日くらいで終息する．

6.5　親孝行は報われるか？

手伝う個体はよく手伝うことが分かった．しかし，この手伝い行動は繁殖成功を高めているのだろうか．多くの種ではそのように報告されている．しかし，この一見，効果があるように見える結果は，ヘルパーの数と繁殖成功との相関関係などからもたらされたものが多く，他の要因の作用をコントロールできていないし，原因と結果を取り違えているなどの批判がある[3]. 例えば，手伝いをしなくても，単なる集団サイズ効果だけでも，なわばり防衛効果は高まり，そのために，グループメンバーや雛の生存が高まることもある．また，質のよいなわばりでは雛の生存もよく，多くの雛がとどまることで，ヘルパーの数も増える．つまり，ヘルパーの多さは高い生産力の結果であり，高い生産を生み出す原因ではない．

アカオオハシモズではヘルパーのいるペアほど繁殖に成功することが多かった．ヘルパーのいるペアの 45 パーセント（= 31/69）が繁殖に成功し，いないペアでは 30 パーセント（= 35/118）であった．巣立ち雛数でも，ヘルパーのいるペアは 1.19±1.53 羽（n = 69）を育て上げるのに対し，いないペアは 0.62±1.11 羽（n = 117）を育て上げたに過ぎない．さらに，給餌を手伝うヘルパーのいるペアと給餌を手伝うヘルパーがいないペアとを比較しても，ヘルパーがいるペアでの繁殖成功は高い．すなわち，成功ペアの割合は 84 パーセント（= 21/25）対 55 パーセント（= 40/73）で，巣立ち雛数は 2.08±1.41 羽（n = 25）対 1.19±1.33 羽（n = 72）で両方ともヘルパーがいると繁殖成功はよくなる．このようなデータは従来の研究でもよく示される．そして，手伝い行動またはヘルパーの存在はペアの繁殖成功を高めるという結論が導き出されていた．しかし，このような平均値の比較や相関関係だけからでは，手伝いと繁殖成功の因果関係は導き出せない．そこで，すでに述べた「手伝うヘルパー」と「手伝わないヘルパー」に着目してみることにする．今度は，ヘルパーがいるペアだけを取り上げて，ヘルパーが給餌を手伝うペアとヘルパーが給餌を手伝わないペアで繁殖成功を比較すると有意な差は見られないのである．すなわち，成功ペアの割合は 84 パーセント（= 21/25）対 75 パーセント（= 6/8）で，巣立ち雛数は 2.08±1.41 羽（n = 25）対 1.88 羽±1.46 羽（n = 8）で，これらの結果から，ヘルパーが手伝っても手伝わなくても繁殖成功に違いはなく，手伝い行動がペアの繁殖成功を高めてはいないことが示唆されるのだ[10].

ヘルパーがいるペアで繁殖成功が高いのは，手伝い以外の要因が効いているのかもしれない.6年間の調査期間中に,同じペアでもヘルパーの数は変化し，ヘルパーがいる年といない年がある．このような，ペアの組み合わせが変化せず，ヘルパーの存否だけが変化した例だけ取り上げて比較すると，これまたヘルパーの存在は繁殖成功に影響しないことが分かる．すなわち，巣立ち雛数はヘルパーのいた年の1.55±1.15羽に対し，いない年は1.39±1.72羽（n＝18）で両者に有意差はない.

次に，ヘルパーの存在と繁殖成功の見かけ上の相関関係は，特定のなわばりでの高い生産性の結果である可能性があるので，これを調べてみる．なわばりの質を直接図ることは難しいので,別の指標を用いる.調査期間中,まったくヘルパーのいなかったペアもいれば，毎年ヘルパーのいたペアもある．そこで，3年間以上データのあるペアを取り上げ，まったくヘルパーのいなかったペアと，少なくとも2年間はヘルパーがいたペアにわけ，両者のヘルパーのいなかった年の巣立ち雛数を比較した．その結果，少なくとも2年間はヘルパーがいたペアは，どの年もヘルパーがいなかったペアよりも，ヘルパーがいなくても巣立ちビナ数は多かった（1.47±1.15羽，n＝18対0.52±1.15羽,n＝12).このことは,特定のペアはヘルパーがいようといまいと生産性が高いことを示唆している[10].

このような，アカオオハシモズでの研究結果は手伝い行動が繁殖ペアの繁殖成功を高めているという，従来の一般的な見解を否定するものである[1,2,3].同様の傾向はマミジロヤブムシクイ[14]やワライカワセミ *Dacclo novaeguineae*[15] で報告があり,手伝い行動の効果を否定するデータが示された例はアカオオハシモズが3例目である．手伝い行動（ここでは給餌行動）が繁殖成功に反映されないのはなぜだろうか．第5章に示されたように，アカオオハシモズではもともと繁殖成功は低く，その原因のほとんどは捕食であろうと考えられている．一方，捕食以外の原因での育雛中の雛の死亡は非常に少ない．つまり，餌不足が原因で雛が死亡することはほとんどない．とすると，給餌量が上がっても，雛の生存を直接向上させることにはならない．一方，捕食が高ければ，雛をできるだけ早く巣立たせ，巣にいる期間を短くすることは雛の生存を高める．給餌量の向上が雛の成長を早めるならば，繁殖成功は高まるだろう．しかし，ヘルパーのいるペアといないペアで雛の10～16日の体重を比較しても有意な差はないし，育雛期間にも差はない（体重，30.2±1.7グラム，$n=17$対30.8±2.4グラム，$n=21$；育雛期間，15.7±1.18日，$n=18$対15.6±1.26日，$n=28$）．

さて，それでは何が繁殖成功の差をもたらしているのだろうか．サンプル数が十分でないので親の質かどうかは確かめることができない．なわばりの質が関係するかもしれない．しかし，餌不足は繁殖失敗の重要な原因ではないので，餌資源の関与はあまりありそうでない．捕食が繁殖失敗の大半だろうと思われるので，安全ななわばりほど繁殖成功が高いのかもしれない．残念ながら，捕食者の出現頻度など，なわばり間で比較可能な捕食圧に関するデータはないので，確かめることができない．

ヘルパーの手伝いは繁殖ペアには何の役にも立っていないのだろうか．少なくとも，繁殖成功は向上させていない．ヘルパーはペアの給餌活動の一部を肩代わりすることで，ペアの労働量を減らし，それによって，ペアの生存を高めているという報告もある．アカオオハシモズでは，寿命が長いので，6年間のデータでは繁殖個体の生存率を比較することはできないが，ヘルパーがいるペアでは一番働かなければいけない育雛期後半でのメスの給餌回数が減っている（図6-3）．この労働量の軽減はメスの生存率を高めているか

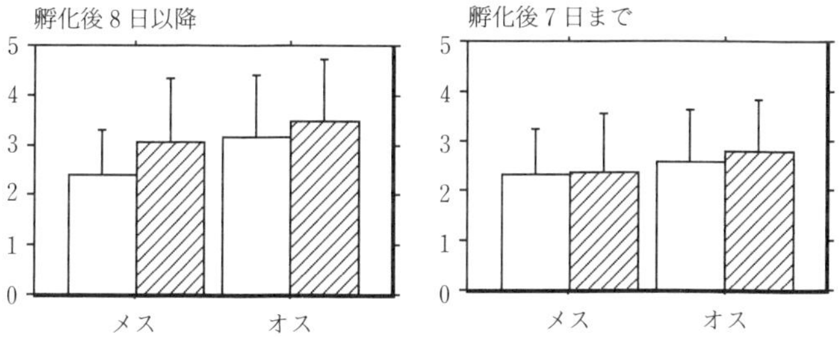

図6-3　ヘルパーの効果．ペアのみ（斜線）とヘルパーつきペア（白抜き）の給餌回数/時間の比較．8日以降のメスでのみヘルパーがつくと働きが悪くなる．この違いには有意差がある．

もしれない．しかし，メスはしばしばなわばりを移動するので，ヘルパーと血縁がない場合も出現する．そうすると，ヘルパーがメスの生存を高めたとしても，ヘルパーにとっては次世代への遺伝的寄与を高めるとは限らない．

6.6　情けは人のためならず

ヘルパーの給餌行動はヘルパー自身の直接的利益をもたらすのかもしれない．まず，給餌はなわばりにとどまるための「共益費」ないし「家賃」かもしれない．その場合，働きの悪い個体は繁殖ペアによって追い出されると予測される．そこで，独立した個体を除いて，翌年なわばりから他のなわばりへ移るとか，消失した1才個体の数を比較してみた．給餌を行った1才オス11個体のうち，7個体は翌年もなわばりにとどまり，4個体は出て行った．一方，給餌が観察されなかった10個体の1才オスのうち，8個体はとどまり，

2個体は出て行った．両者にはまったく有意差はない．つまり，働きが悪いからといって追い出されることはなさそうである．1才オスへの攻撃はもともと稀である．一方，繁殖ステージの初めの方では，大人のヘルパーへの攻撃はしばしば見られる．このような攻撃は，造巣や抱卵のために巣を訪れる個体に対してなされる．繁殖（優位）オスはヘルパーの手伝いを拒否しているように見える．言い換えれば，手伝い行動をしないからといって攻撃をされることはない．

とどまるために手伝うのではなく，1才オスが熱心に給餌することで育雛技術を高め，それにより独立して繁殖する機会を高めるとしたら，「共益費」という考えとは逆に，熱心なヘルパーほど出て行く可能性が高いと予測できる．しかし，データは，この予測も支持していない．消失した個体を除いて，1才個体のうち翌年もとどまった個体と調査地内になわばりをもった個体を比較してみる．手伝った個体8個体のうち，1個体が独立し，12個体の手伝わなかった個体のうち，4個体が独立した．手伝わなかった個体の方がより多く独立を達成しているように見えるが，この違いは統計的には有意ではない．少なくとも手伝うことが独立の機会を高めることはないようである．しかし，手伝いの経験が繁殖を始めたときに役に立つかどうかについては，6年間のデータでは明らかにできない．

ヘルパーは独立するときは単独でなわばりを出て行く．未来の配偶者も，自分のためのヘルパーも連れて出ることはない．また，巣における給餌の際の交替は，巣にいる個体がまず出てゆき，その後に餌を運んできた個体が巣に入る．オオツチスドリ *Corcorax melanorhamphos*[16] やアラビアヤブチメドリ *Turdoides squamiceps*[17] のように給餌行動を他のメンバーに対してアピールすることはない．

繁殖ペアはヘルパーが給餌に熱心であろうとなかろうと追い出すことはな

いようだ．ヘルパーは対捕食者防衛やなわばり防衛にも参加する．個体ごとの貢献度は測定できていないが，観察している限りは，事件がおきれば，その場に居あわす個体はすべて参加するようである．対捕食者防衛やなわばり防衛はヘルパーにも直接的な利益がある．そのためにヘルパーが参加することも多いのだろう．対捕食者防衛やなわばり防衛は数が物を言うだろう．なわばり占有者にとって，なわばりを防衛してくれる個体の数が多いほど都合がよいと思われる．とすれば，たとえ，雛への給餌に熱心ではなくても，繁殖ペアはヘルパーをなわばりから追い出すことはしないだろう．

6.7　非適応的なのか？

ヘルパーの自身の子ではない雛への給餌行動は，雛の餌ねだり行動によって解発された目的を誤った非適応的な行動であるという意見が，I. G. Jamieson と J. L. Craig から提出された[18]．これに対して，J. D. Ligon と P. B. Stacey は，繁殖親以外による給餌は，もともと，Jamieson と Craig らのいうように，雛の餌ねだりにより解発されたものに違いはないが，現在，協同繁殖種で見られるヘルパーの行動は，その起源から離れて，別の適応的意義をもっており，そのすべてを非適応的な餌ねだり行動への誤った反応としてしまうことはできないと反論した[19]．ただ，ヘルパーの給餌行動にかかる淘汰圧は種類によって異なるはずだから，適応的な機能をもたない場合もいくつかの種には見られるだろうと指摘している．つまり，ヘルパーの給餌行動が繁殖ペアにも，ヘルパー自身にも役に立っていない場合も当然見られるはずだというのである．

アカオオハシモズでは，ヘルパーの給餌行動の程度はヘルパー間で大きく異なる．そして，その違いは繁殖成功や生存率などにそれほど影響しているようにも見えないし，ヘルパー自身の利益にも影響しているようにも見えない．繁殖ペアの方でも，手伝いの程度によってヘルパーを追い出すようなこともなく，繁殖ステージによってはヘルパーの手伝いを受けつけないこともある．このような事実は，本種では手伝い行動がまだ何らかの適応的意義をもつ段階まで進んでいないことを示唆している．私自身はLigonとStaceyの「未発達仮説」を受け入れるには心理的抵抗があるが，手伝わずに親元にとどまる個体が多いということは，彼らの仮説を支持しているようにみえる．

手伝い行動は非常にコストがかかることがいくつかの種で知られている[20,21]．しかし，アカオオハシモズでは，1才オスの生存率を見ると，手伝った個体と手伝いをしなかった個体で差はない（翌年まで生存した個体の割合，78.9パーセント，n = 19対71.4パーセント，n = 14）．もし，本当にコストが低いのであれば，利益がそれほど大きくなくても，手伝い行動は普及するかもしれない．行動そのものにそれほどコストがかかっていなければ，適応的意義がなくても，その行動が個体群から消えることはないだろう．本種の場合は，給餌行動に生存に関わるような大きなコストはかかっていないようである．

ヘルパーの給餌が繁殖成功を高めることに役立っていないことは明らかである．しかし，非適応的と言い切ってしまうには，ヘルパー自身が得るかもしれない直接的利益についてのデータが決定的に不足している．また，なわばり維持や対捕食者防衛についても個体ごとのデータが必要だろう．

6.8　まとめ

繁殖ペアの３分の１には１才ないし２才以上のオスがついている．これらのオスの大部分は出自なわばりにとどまった，繁殖ペアの息子である．これらヘルパーは対捕食者防衛，なわばり防衛，雛への給餌などに参加する．しかし，給餌への貢献の程度は個体によって大きく異なり，約半数はまったく貢献しない．ヘルパーはなわばり獲得や継母との交尾の可能性を高めるためになわばりにとどまると考えられる．ヘルパーのいるペアは繁殖成功が高いが，給餌の手伝いのあるなしは繁殖成功に影響しない．ヘルパーによる給餌は雛の成長を促進せず，育雛期間も短縮しないので，捕食のリスクを低くすることもない．特定のペアはヘルパーつきで繁殖することが多く，このようなペアは，ヘルパーがいない年でも，ヘルパーがつくことがほとんどないペアよりも，繁殖成功が高い．これらのことから，ヘルパーの存在も，手伝いのあるなしも，繁殖成功にまったく影響しないことが分かる．このような特徴は，アカオオハシモズが協同繁殖種としてはかなり特殊な存在であることを示唆している．

引用文献

１）Brown, J. L. (1987) Helping and Communal Breeding in Birds. Princeton University Press, Princeton.

2）Stacey, P. B. and Koenig, W. D. (1990) Cooperative Breeding in Birds: Long-term studies of ecology and behavior. Cambridge University Press, Cambridge.

3）Emlen, S. T. (1991) Evolution of cooperative breeding in birds and mammals. Behavioural Ecology, An evolutionary approach, 3rd edn (eds. J. R. Krebs and N. B. Davies), pp. 301-337, Blackwell. Oxford.（邦訳「進化から見た行動生態学」(山岸哲，巖佐庸監訳)，蒼樹書房，東京.）

4）粕谷英一 (1990) 動物行動学入門．東海大学出版会，東京.

5）Appert, O. (1970) Zur Biologie der Vangawurger (Vangidae) sudwest Madagaskars. Ornithologische Beobachter, 67, 101-133.

6）Nakamura, M., Yamagish, S. and Nishiumi, I. (2001) Cooperative breeding of the white-headed vanga *Leptopterus viridis*, an endemic species in Madagascar. J. Yamashina Inst. Ornithol. 33: 1-14.

7）Nakamura, M., Yamagishi, S. and Okamiya, T. (2001) Breeding ecology of the Sickle-billed Vanga *Faculea palliata*, which is endemic to Madagascar. IN Ecological Radiation of Madagascan Endemic Vertebrates (eds S. Yamagishi and A. Mori). pp. 48-52. Kyoto University.

8）Yamagishi, S., Urano, E. and Eguchi, K. (1995) Group composition and contributions to breeding by Rufous Vangas *Schetba rufa*. Ibis, 137, 157-161.

9）Davies, N. B. (1992) Dunnock Behaviour and Social Evolution. Oxford University Press, Oxford.

10）Eguchi, K., Yamagishi, S., Asai, S., Nagata, H. and Hino, T. (2002) Helping does not enhance reproductive success of cooperatively breeding Rufous Vanga in Madagascar. Journal of Animal Ecology 71 (1): 123-130.

11）Yamagishi, S., Asai, S., Eguchi, K. and Wada, M. (2002) Spotted-throat individuals of Rufous Vanga *Schetba rufa* are yearling males and presumably sterile. Ornithological Science 1: 95-100.

12）Stacey, P. B. and Ligon, J. D. (1991) The benefits-of-philopatry hypothesis for the evolution of cooperative breeding: variation in territory quality and group size effects. American Naturalist, 137, 831-846.

13）Magrath, R. D. and Whittingham, L. A. (1997) Subordinate males are more likely to help if unrelated to the breeding female in cooperatively breeding white-browed scrubwrens. Behabioral Ecology and Sociobiology, 41, 185-192.

14) Magrath, R. D. and Yezerinac, S. M. (1997) Facultative helping does not influence reproductive success or survival in cooperatively breeding white-browed scrubwrens. Journal of Animal Ecology, 66, 658-670.

15) Legge, S. (2000) The effect of helpers on reproductive success in the laughing kookaburra. Journal of Animal Ecology, 69, 714-724.

16) Boland, C. R. J., Heinsohn, R. and Cockburn, A. (1997) Deception by helpers in cooperatively breeding white-winged chough and its experimental manipulation. Behavioral Ecology and Sociobiology, 41, 251-256.

17) Zahavi, A. and Zahavi, A. (1997) The Handicap Principled. Oxford Univ. Press, New York, U. S. A.

18) Jamieson, I. G. and Craig, J. L. (1987) Critique of helping behavior in birds: a departure from functional explanations. In: "Perspectives in ethology, vol. 7 (P. Bateson & P. Klopfer, eds.), 79-98, Plenum Press, New York.

19) Ligon, J. D. and Stacey, P. B. (1989) On the significance of helping behavior in birds. Auk, 106, 700-705.

20) Heinsohn, R. and Cockburn, A. (1994) Helping is costly to young birds in cooperatively breeding white-winged choughs. Proceedings of Royal Society of London, B256, 293-298.

21) Heinsohn, R. and Legge, S. (1999) The cost of helping. Trends in Ecology and Evolution, 14, 53-57.

息子を産むべきか，娘を産むべきか

Sons or daughters?

浅井芝樹 *Shigeki Asai*

7.1　多くの動物で雌雄の数がほぼ等しいのはなぜか

この章では，アカオオハシモズの雌雄の数がなぜそのようなバランスになっているのかということに注目する．というのは，後に示すように，アカオオハシモズの雌雄の割合（性比）は明らかにオスに偏っているのである．多くの動物の性比はほぼ1：1であり，性比が1：1からずれているというのは何か特別の事情があるのではないかと思わせる．しかし，そもそも多くの動物の性比がほぼ1：1であるのはなぜなのか．ヒトも性比がほぼ1：1なのでこれが当たり前のように思うのだが，よく考えるとこれは少しも当たり前ではない．ある生き物が繁栄するためには，オスはメスよりずっと少なくても十分なはずである．その生き物の次世代の数は，メスの数に制約される一方，オスは多くのメスと交尾して子を残せるので，次世代の数の制約とはなりにくいからだ．「ある生き物の繁栄のため」といったような解釈では，生物の性比の問題は説明できない．性比が1：1であるということは，集団（種）の適応度ではなく個体の適応度に関わる問題として説明される．まずはこのことについて簡単に説明してみよう．

話を簡単にするために，一度卵を産むと死んでしまい，次の繁殖シーズンには完全に世代が入れ替わっている鳥について考えよう．一度に産む卵数（一腹産卵数，クラッチサイズ）はすべてのメスで等しいとする．今，娘をたくさん産むメスの割合が多く，集団のほとんどがメスであるとしよう．このとき，1羽のメスが産む子たちはどれくらいの孫を残してくれるだろうか．次の世代が繁殖するとき，娘たちはそのそれぞれが能力に応じて孫を産むだろう．一方，この集団はオスに対してメスがたくさんいるので，息子たちは多くのメスと交尾できる．このとき，息子が残す孫は，それぞれのメスが残せる孫の数に息子が交尾したメスの数をかけたものになる．したがって，子1羽から期待できる孫の数を考えると，息子を通じて残る孫の数の方が娘を通じて残る孫の数より多い．ということは，息子をたくさん産むメスの方が孫の数が多いということである．集団の性比がメスに偏っているとき，母親は息子を産む方がよい．

メスは，より多くの孫をもつために息子をたくさん産むようになるだろう．何世代にもわたってこれが繰り返されると，集団中のオスはどんどん増える．逆にオスがメスよりも多くなると，今度は状況が逆転し，娘をたくさん産む方が有利になってくる．というのは，メスは確実に自分の能力分だけ子を残せるが，オスはメスと交尾できない個体が出てくるため，平均的には娘を通じて残る孫の方が息子を通じて残る孫より多くなってくるのだ．

結局のところ，娘を通じて残る孫の数と，息子を通じて残る孫の数が等しいところに落ち着くだろうと予測できる．子1羽を残すのに雌雄1羽ずつ関わるのであるから，息子たちと娘たちの数が等しいときに，娘を通じて残る孫の数と，息子を通じて残る孫の数が等しいということが分かる．これが，性比が1：1になる理由である[1]．この理屈では，集団中の性比が1：1になることは説明できるが，それぞれの個体が1：1に産むかどうかは予測できない．すべてのメスが息子と娘を同じ数で産めば性比は1：1になり，どのメスの適応度も等しいが，息子ばかり産むメスと，娘ばかり産むメスが同じ数だけいても性比は1：1になり，やはりどのメスの適応度も等しくなるからである．

このような説明を最初にしたのはR. A. Fisherであった[1]．また，息子全体と娘全体にかける投資量（子育てにかかったコスト）が等しくなるように産むということもFisherは予測している．さらに，子へ投資している間（子育てしている間）で息子と娘の間に死亡率の差があると，息子全体と娘全体にかける投資量の変化をもたらすので，これが性比調節に関係するかもしれない．Fisherの予測にしたがって計算すると，息子が多く死ぬ場合，息子を多く産んで，投資終了時には（子育ての終了時には）娘が多い状態になっているはずである．ところが，投資終了後の死亡率の性差は母親が子を産むときの性比調節には影響しないといったことも理論的には分かっている[2]．

7.2　アカオオハシモズではオスが余っている

前章までの説明で，アカオオハシモズのペアにはヘルパーを伴うものがあり，このヘルパーはもっぱらオスであるということを述べてきた．ということは，調査個体群中には明らかにオスが多いということになる．表7-1に改めて雌雄の比（性比）を示すが，常にオスが多いことが分かる．性成熟してお

表7-1　調査個体群の性比（全個体に対するオスの割合）（Asai et al.投稿中[8]より改変）

調査年	1才オス	2才以上オス	メス
1994	6	17	19
1995	10	48	42
1996	13	48	43
1997	20	61	52
1998	11	69	50
1999	10	66	44
2000	6	57	33
総計	76	366	283
性比（1才以上）		0.61	
実効性比		0.56	

性比（1才以上）も実効性比も1：1性比から統計学的に有意な差がある．

り，潜在的に繁殖できる個体による性比を実効性比という．第6章でアカオオハシモズの1才オスは性成熟していない可能性が高いことを論じた．そこで，1才オスを省いた実効性比も表7-1に示されているが，実効性比もまたオスに偏っている．

前節で述べたように，多くの動物は性比が1：1である．アカオオハシモズにおけるオスへ偏った性比は統計学的に有意な偏りであり，偶然に生じたとは考えられない．アカオオハシモズのように協同繁殖をする鳥では，繁殖の手伝いをする性に性比が偏っている場合が多い．この偏りを説明するためにS. T. Emlenらは「払い戻し仮説」（Repayment model）を提唱した[3]．多くの協同繁殖鳥では，手伝い個体（ヘルパー）は繁殖ペアの以前の繁殖で生まれた子であり，生まれた後，遠くへ移動せずに両親を手伝っている．そして，ヘルパーの手伝い行動によって，繁殖ペアの繁殖成功度が上昇する．払い戻し仮説によれば，このようなとき一腹卵の性比をヘルパーになる方の性に偏らせることで，繁殖メスは将来にヘルパーをもつ可能性を高めることができ，ひいては自分の繁殖成功度を高めることができる．

この仮説に従って性比の偏りが説明された協同繁殖鳥として，ホオジロシマアカゲラ *Picoides borealis*[3] や，セーシェルズヨシキリ *Acrocephalus sechellensis*[4] などの例がある．アカオオハシモズの場合，手伝いをするのはオスであり，オスへ偏った性比がみられる．したがって，払い戻し仮説が当てはまるようにも思われる．しかし，払い戻し仮説の重要な点は，ヘルパーの手伝い行動によってペアの繁殖成功度が上がるというところにある．すでに前章で述べたように，アカオオハシモズの手伝い行動では，実質的な効果を上げているという証拠が見つからない．手伝い個体が繁殖成功度を改善しないならば，性比の偏りは払い戻し仮説では説明できないことになる．結局のところ，Fisher の仮説に従って，1：1 性比を実現していると考えざるを得ない．

7.3　個体群の性比が偏るとき

Fisher 仮説の通りに性比が決まっているとすれば，母親の投資量に対して返ってくる利益が，息子と娘の間で差がないはずである．母親にとっての利益とは，子が生涯に残す孫の数である．これまで述べてきたように，アカオオハシモズでは，オスは親元にとどまって少なくとも 1 年間手伝いをした後，独立して繁殖するのに対して，メスは 1 才のときから繁殖を始める．したがって，あるオスが繁殖を始めたとき，同じ年に生まれた姉妹たちはすでに何回か繁殖をしているということになる．このような条件下では，娘の方が常に息子よりも多くの孫を残せるだろうと期待できる．なぜ，母親たちはもっと多くの娘を産まないのであろうか？　調査個体群の性比が常にオスに偏っているのは，Fisher の仮説と矛盾していないのだろうか？

Fisher の仮説は，厳密に言えば，受精時の性比を問題にしている．したがって，調査個体群の成鳥の性比を調べるのではなく，受精時の性を調べなければならない．また，息子と娘にかける投資量が大きく異なるのであれば，性比を偏らせる要因になる．子育てにかかるコストも考慮しなければならない．

知りたいのは受精時性比であるが，現在のところそれを直接調べる方法はない．しかし，孵化時性比は受精時性比とほぼ同じであると考えられるので，代わりに孵化時の性比を調べる．孵化時性比を調べるといっても雛がある程度大きくなってからでないと性は分からない．また，受精時性比により近い性比を知るためには，卵・雛の死亡によって生じた巣内性比の偏りが取り除かれなくてはならない．そこで，性判定が行われるまでに一腹卵数からの減少がなかった巣だけを対象にして，オスが多いのかメスが多いのかを比較する．しかし，一腹卵数は捕食などの要因で減少していくので，性判定のタイミングが遅いほど対象として扱える巣が少なくなることになる．アカオオハシモズは第3章で述べたように羽色に性的二型があるが，性判定が1才になってからの羽色に頼る場合は，ほとんどの巣が対象として扱えないことになってしまう．というのは，巣立ち後に対象の個体が調査地外へ移動してしまうことが多く，この場合でも性判定ができないことになってしまうからだ．そこで，7日齢前後の雛から採血して血中のDNAを抽出し，性染色体上の遺伝子を検出してその雛の性を判定する方法を用いた．この方法を導入することで，孵化後7日まで雛が生き延びた巣は，調査の対象に加えられるようになり，扱えるデータが格段に増えることになった．それでも，アカオオハシモズの卵・雛は非常に捕食される率が高くて，孵化後7日まで生き残る巣が少なく，一腹卵の性比が完全に分かる巣の数は7年間のデータをすべて使っ

表7-2 雛の性比（全個体に対するオスの割合）（Asai et al.投稿中[8]より改変）

調査年	巣内雛		巣立ち雛		
	オス	メス	オス	メス	不明
1994	4	2	6	4	2
1995	3	4	11	19	1
1996	17	18	18	17	0
1997	19	11	15	10	0
1998	36	32	18	9	0
1999	23	19	14	9	1
2000	14	6	8	5	2
実数	116	92	90	73	6
性比	0.56		0.55		

性比は表7-1と変わらないが統計学的に有意な偏りは見られない．
巣内雛は一腹産卵数から減少がなかった巣のヒナを表しており，
巣立ち雛は一腹産卵数からの減少とは関係なく個体群全体の数を示している（本文参照）．

てかろうじて分析できる程度であった．

調査個体群の孵化時性比を表7-2に示す．ここには雛の性が全部分かっている巣のデータが示されている．雛から採血するまでの間に，産み落とされた卵数から減少があった巣は含まれていない．これを見るとオスの雛の方が多いが，統計学的に有意な差ではなかった．つまり，孵化時の性比は，偶然に起こる以上にオスに偏っているとは言えなかった．また，個体群中の全巣立ち雛数にも同様に性比の偏りはみられない．したがって，1才以上の個体による個体群性比の偏りは巣立ち時以降に起こるということが分かる．

7.4　生涯繁殖成功度の雌雄差

Fisher 仮説で重要なことの一つは，息子，娘がそれぞれどれくらい孫を残してくれるだろうか，ということであった．これには，それぞれの個体が死ぬまでに何羽の雛を育てたかを調べる必要がある．しかし，この方法で満足できるぐらいのデータを集めようとすると，非常に長期の調査を必要とするだろう．その代わりに，毎年の繁殖成功はほぼ同じであるとして，7 年分のデータを平均して推定してみる．

ある年齢までの累積繁殖成功度＝Σ（各年齢までの生存率×そのとき繁殖者である確率×平均の繁殖成功度）とした．累積繁殖成功度が雌雄でどのように推移するかを調べ，果たして息子が有利なのか，娘が有利なのかを推測するのである．これを計算するのに必要なデータは，（1）生存率（2）繁殖者である確率（3）繁殖成功度の三つである．これらの値のそれぞれを以下に解説する．

（1）生存率は死亡率の裏返しでもある．死亡率を考える方が簡単だと思われるので，死亡率の推定から説明する．まず，それぞれの個体がいつ死んだかということはほとんどの場合特定できない．なぜなら，足環で識別された個体が見られなくなっても，それが死んだことによるのか，単に調査地外へ移動して生活しているのか分からないからである．いなくなった個体（消失個体）の何割が死亡なのか推定できれば，調査個体群の平均的な死亡率は分かる．調査個体群はかなり高い割合で個体識別がなされている（75〜94 パーセント）．したがって，調査地外から移入してきた個体も足環がついていないこと

表7-3　7年間を平均した推定死亡率（Asai et al.投稿中[8]より改変）

オ　ス (a)	メ　ス (b)	繁殖オス (c)	ヘルパーオス (d)	巣立ちオス (e)	巣立ちメス (f)
0.16	0.14	0.21	0.13	0.26	0.61

アルファベットは本文中の説明と対応する.

によって特定できる．調査地域とその周辺地域とで，よほど大きく条件が変わらない限り，個体の移出入や，繁殖成功度，生存率などに差はないと考えられる．実際に口絵Ⅰ-4で見るように調査地はほぼ均質な森である．そこで，最も単純に，調査地から移出した個体数と調査地外から調査地内へ移入してきた個体数が同じであると仮定すると,「消失個体−移入個体＝死亡した個体」ということになる．これを用いて，年死亡率を計算することにした．

死亡率は1年ごとに算出して，累積繁殖成功度の推定にはその平均値を使った．(a)1才以上のオス(b)1才以上のメス(c)繁殖オス(d)ヘルパーオス(e)巣立ちオス(f)巣立ちメスの六つのカテゴリーで死亡率を計算した．(a)1才以上のオスでは，文字通りオスを区別せずに死亡率を算出したが，繁殖オスとヘルパーオスで死亡率が異なることを考慮して，改めて(c)，(d)の二つに分けて計算した．図3-7と図3-8ですでに見たように，繁殖オスは一度なわばりをもつとほとんど移動しないので，移入個体はすべてヘルパーオス由来とみなした．したがって，(c)では消失個体すべてが死亡個体となっている．(e)，(f)は確認された1才個体を前年巣立った雛数で割ったものである．

表7-3をみると，巣立ちメスで特に死亡率が高いことが分かる．雌雄差という点では巣立ちから1才時までで差が出るということである．一般に，巣立ち間もない鳥が親元を離れて遠くへ移動するときの死亡率は高い．メスは1才から繁殖を開始するため，すぐに親元から離れていくので，死亡率が高いのだと思われる．また，ヘルパーオスはその他のカテゴリーと比べて最も死

亡率が低く，ヘルパーオスとして親のなわばりにとどまることが，生存率を高めていることが示唆される．

（2）繁殖者である確率は，その年の繁殖者数を潜在的な繁殖者数で割ったものである．1才オスは性成熟していないと考えられるので（第6章参照），潜在的な繁殖者数に含まれていない．オスの場合，繁殖者である確率は，1才から2才になるときと，3才以上とで別に計算した．また，メスでは1才になるときと2才以上で別に計算した．

オスの累積繁殖成功度は二通りで計算した．一つは，どのオスが繁殖できるかはランダムに決まるとした場合で，もう一つは，より実際のオスの生活史に近くするため，オスの生涯をヘルパーの時期と繁殖オスの時期に分けた場合である．この場合，繁殖開始年齢ごとに計算し直さなければならない．前者を計算する場合には，ヘルパーであったか繁殖オスであったかは考慮されないので，どのオスに対しても一律に繁殖者である確率を用いて計算した．後者を計算する場合は，まずオスの生涯はヘルパーとしてスタートしてその間は自分の子を残さないので，ヘルパーの時期には繁殖者である確率を0とし，一度繁殖者になったらその後は死ぬまで繁殖者であるとして，繁殖者の時期には繁殖者である確率を1として計算した．

また，これに応じて生存率の計算も二通りが使われており，繁殖者になれるかどうかランダムに決まるやり方のときには，(a)1才以上のオスの死亡率に基づいた計算，生活史に応じて二つの時期に分ける場合には(c)，(d)に基づく生存率を対応させて，それぞれの累積繁殖成功度を計算している．

（3）繁殖成功度については，繁殖シーズンごとに繁殖ペア当たり何羽の雛を巣立たせたかを表7-4に示した．累積繁殖成功度の計算では各年の値の平均値を用いている．

この結果，図7-1のような曲線が得られた．これを見ると，2才から繁殖を

表7-4　調査個体群の繁殖成功度

調査年	巣立ち雛数	繁殖ペア数	繁殖ペア当たり雛数
1994	12	10	1.20
1995	31	24	1.29
1996	35	27	1.30
1997	25	44	0.57
1998	24	43	0.56
1999	24	33	0.73
2000	15	27	0.56
平均値	23.71	29.71	0.89

繁殖の成功不成功がはっきりしないペアは除いた．

始めたオスは，平均的なメスよりも生涯繁殖成功度が高いだろう．また，4才から繁殖を始めたオスは，長生きして繁殖できれば平均的なメスに匹敵する生涯繁殖成功度を得られるだろう．しかし，4才で繁殖を始めても9才までしか繁殖できなかった場合，それより遅く繁殖を始めた場合は平均的なメスよりも生涯繁殖成功度が低くなるだろう．3才から繁殖を始めたオスが，平均的なメスとほぼ同じ生涯繁殖成功度を得られるだろう．実際には，オスは何才から繁殖を開始するだろうか．繁殖開始年齢の分かっているオスは24個体いたが，そのうち15個体は2才から繁殖しており，平均値は2.7才であった．また，調査最終年の2000年には6才でまだヘルパーであるオスが1羽いた．調査期間が7年しかないため，繁殖開始年齢は若い方へ見積もられていると考えられる．おそらく，オスの繁殖開始年齢の平均値は3才前後であろう．とすると，平均的には雌雄の生涯繁殖成功度はほぼ等しいということである．さらに，ヘルパーから繁殖オスへ変わる年齢を考慮せず，繁殖シーズンごとにランダムに繁殖者が決まるものとして計算した累積繁殖成功度は，3才から繁殖するオスとほぼ同じ曲線を描いている．したがって，オスの生活史を

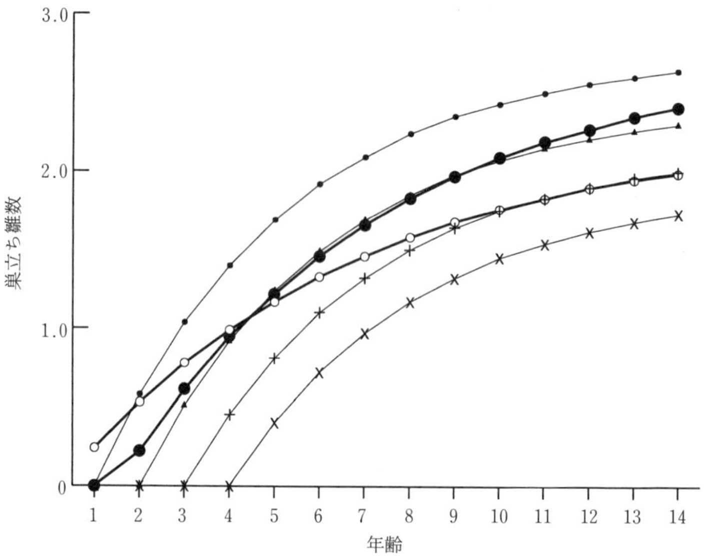

図7-1　累積繁殖成功度の推移

○：メス

繁殖者になれるかどうかランダムに決まるとした確率をかけた場合

●：オス

ヘルパーから繁殖オスになる生活史を考慮する場合

●：2歳から繁殖するオス

▲：3歳から繁殖するオス

＋：4歳から繁殖するオス

×：5歳から繁殖するオス

どちらで推定したとしても，やはり平均的には雌雄の生涯繁殖成功度はほぼ等しいということである．

生存率推定が巣立ち雛以降からで計算されているので，図7-1の結果は，巣立ちまで雛を育てたメスにとって子に期待できる繁殖成功度ということになる．雌雄の生涯繁殖成功度がほぼ等しくなる理由は，巣立ち後の雌雄の生存率に差があるためである．メスは，巣立ってから最初の繁殖シーズンを迎えるまでに死んでしまう個体が多い．母親が巣立ち時に期待できる娘の適応度は，その高い死亡率によって押し下げられてしまう．一方，オスはメスに対して生存率が高いために，繁殖開始が遅くとも，息子たちで平均すれば，母親から見て巣立ち時に期待できる適応度はそれほど低くはならない．

7.5　子育てコストの雌雄差

前節で見たように，巣立ち雛時点では将来に期待できる繁殖成功度に雌雄差はない．つまり，子育ての大部分が終了した時点で，母親にとっては息子と娘に期待できる孫の数に差はない．しかし，息子と娘の間に子育てコストの差があれば，小さいコストですむ性に偏らせるはずである．

図 7-2 は巣内のメス雛の数とその巣への給餌頻度の関係を示したものである．これを見ると，メスの割合が増えても給餌量が相関して増えたり減ったりする傾向は見られなかった．図に示していないが，繁殖メスが給餌した頻度だけで見た場合でもやはり相関は見られなかった．しかし，この給餌頻度は子育ての後半だけのデータであり，また，給餌の頻度ではなく，一度にもってくる餌のサイズを変えたりしていたような場合は，雛への投資量の変化を検出できない．そこで，7 日齢以降にもう一度計測された雛のデータを用いて，図 7-3，図 7-4 にそれぞれ雛の 1 日当たり成長量と巣立ち前の雛の大きさを示す．これによると，翼長の成長量で雌雄に統計学的に有意な差が見られたが，その他では統計学的に有意な差は検出されなかった．したがって，巣

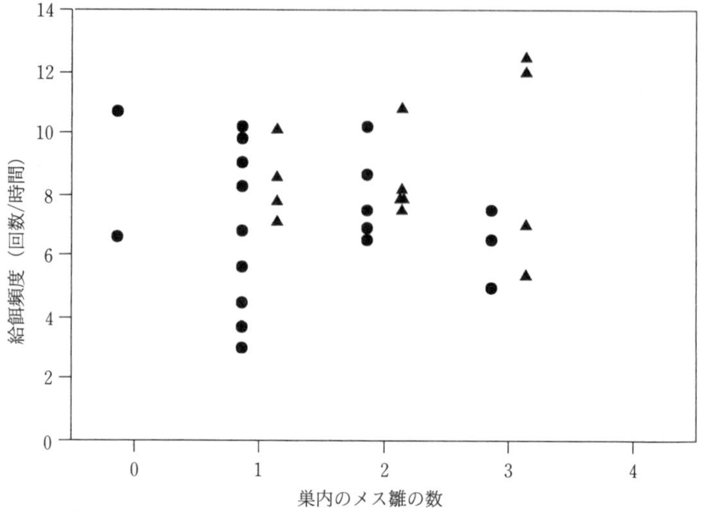

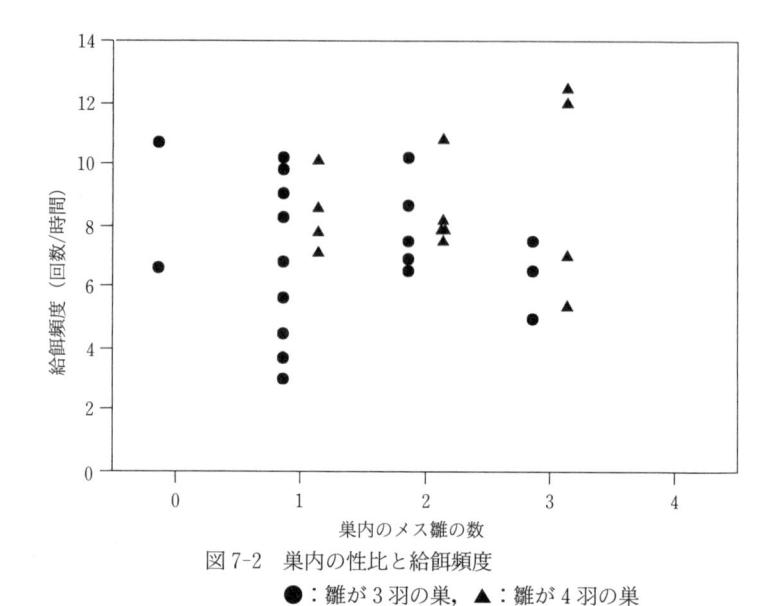

図 7-2　巣内の性比と給餌頻度
●：雛が3羽の巣，▲：雛が4羽の巣
両変数間に相関関係は認められない．

立ちまでの間に，子育てコストの雌雄差があるとは考えにくい．繁殖メスにとって，息子と娘の間に投資量の差はないことが示唆される．

ここまでの結果をまとめると次のようになる．一見すると，アカオオハシモズではメスの方が早くから繁殖できるので，繁殖メスは娘をたくさん産む方がよいように見える．一方で，個体群性比はオスに偏っており矛盾しているように見える．そこで孵化時性比を調べてみると，実は全体としては1：1になっており，個体群性比の偏りは巣立ち後の死亡率の性差によって生じる．巣立ち時点でオスを平均すれば，メスよりも生涯繁殖成功度が低くなるわけではない．繁殖メスは巣立ち時の息子と娘に同じだけ期待をもつことができて，子育ての手間のかかり方は同じなので，繁殖メスは一腹卵の性比をどち

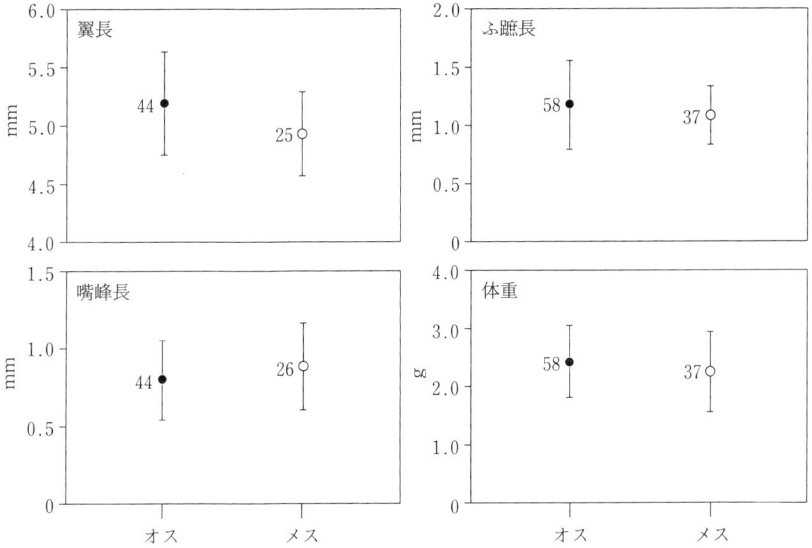

図 7-3　1日当りの雛の成長量
図内の数値はサンプル数，バーは標準偏差を示す．翼長を除いて，雌雄の間に統計学的に有意な差はない．

らか一方だけにずらしたりしない．これらの結果は，Fisher の予測に合っているのである．

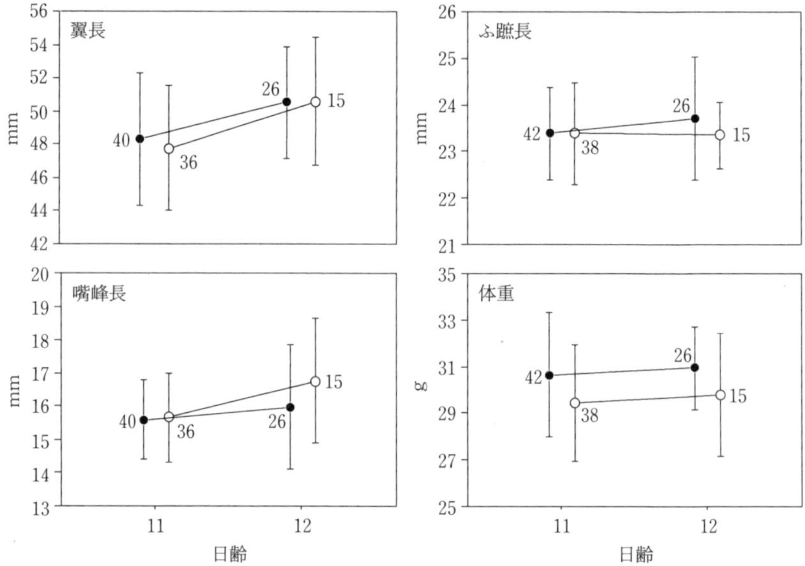

図7-4　雛の体サイズ

11日齢の雛と12日齢の雛は別個体．図内の数値はサンプル数，バーは標準偏差を示す．11日齢でも12日齢でも統計学的に有意な差は雌雄間に認められない．

7.6　母親が息子と娘を産み分けるとき

ここまでの話では，あたかもアカオオハシモズのメスそれぞれが息子と娘を1：1の割合で産んでいるような印象であった．しかし，これまでのところは，メスそれぞれがどのように産んでいるかという話ではなく，個体群全体での話であった．孵化時性比は個体群全体で何羽いたかということだったし，累積繁殖成功度も個体群全体の平均値で計算されていた．7.1 の説明では，性比が 1：1 になる理由は，個体群中にオスが多いときには，平均すればメス偏りに産む方が有利，あるいはメスが多いときには，平均すればオス偏りに産む方が有利という話であった．だから，性比が 1：1 になるのが安定ではあるが，それはあくまでも個体群全体を平均した話である．したがって，個体群中のメスすべてが 1：1 で産んでるのか，息子だけ産むメスと娘だけ産むメスが 1：1 の割合で存在しているのか区別はなかった．あるいは，もっと複雑なパターンで産んでいるが，そのパターンが個体群の孵化時性比を 1：1 にしているのかもしれない．

R. L. Trivers と D. E. Willard は，母親が自分の置かれた状況によって性を産み分けする方が有利になることを論証した[5)]．例えば，一夫多妻の動物ではオスの適応度は個体によって大きくばらつくが，身体的条件のよい（体が大きいなど）個体ほどたくさんのメスを獲得できることが多い．また，哺乳類のように母親が長い間，子に投資する場合，子の身体的条件が，母親の体調によって大きく左右されることが考えられる．母親の体調がよいとき，その子はうまく育て上げられると期待できるので，息子を産んだ方が有利である．なぜなら，身体的条件のよいオスはたくさんのメスと交尾できる可能性が高く，その結果としてたくさんの子を残せると期待できるからである．一方，体調の悪いメスは娘を産んだ方が有利である．なぜなら，メスは確実に子を残せると期待できるからだ．身体的条件の悪いオスは配偶競争の結果，強いオスに負けてまったく子を残せないかもしれない．

Trivers と Willard の説を受けて，多くの動物で，状況に応じた性の産み分けが生じていることが明らかにされている．例えば，日本に住むオオヨシキリは一夫多妻の鳥であるが，メスはそのおかれた立場によって一腹卵の性を調節している[6]．オオヨシキリは1羽のオスのなわばり内に複数のメスが巣をもっているが，オスは最初につがったメス（第1メス）の巣にしか餌を運ばない．したがって，第1メスの巣だけ餌が多くなって，子をうまく育てやすい．オオヨシキリの場合も身体的条件のよいオスほどたくさんのメスとつがえると考えられ，自分の子が大きくなると期待できる第1メスは息子を多く産んでいる．一方，第2メスは娘を多く産んでいる．また，オスがたくさんのメスとつがえるかどうかは，単に身体的条件だけでなく遺伝的な要素もあると考えられる．多くのメスとつがっているオスはおそらく遺伝的に有利な形質をもっているだろう．そのようなオスとつがったメスは，自分の息子が父親から有利な遺伝子を受け継ぐであろうことが期待できる．したがって，メスはつがい相手が他にたくさんのメスとつがっているときには，一腹卵の性比をオスに偏らせている．

鳥類でも，状況に応じてメスが一腹卵の性比を調節する例が見つかっているが，性比の調節を促す状況は様々あり，オオヨシキリのように，つがったオスの質なども性比調節に影響する．性の産み分けが生じる状況とは，一つには，オスの適応度がメスに比べて大きく変化すること，二つ目には，オスの適応度の個体差が，母親が置かれた状況によって影響を受けることである．

7.7　アカオオハシモズは息子と娘を産み分ける

さて，アカオオハシモズは性の産み分けが生じるような状況におかれているだろうか．図7-1で見たように，アカオオハシモズでは，オスの生涯繁殖成功度はメスと比べて大きく変化するだろうということが予測される．そして，生涯繁殖成功度を左右するのは繁殖開始年齢であった．親元で手伝いをしているオスは，つがい相手が見つかり次第，独立して繁殖を開始するのがよいわけだが，同様のつがい相手待ちのオスが周囲にたくさんいるため，独立繁殖の機会はなかなかまわってこない．母親は，息子がすぐにつがい相手を見つけられる状態であれば，息子を産む方が有利である．なぜなら，図7-1で見たように息子が2才から繁殖を始められれば，平均的なメスよりも高い生涯繁殖成功度が得られると期待できるからだ．一方，息子がすぐにつがい相手を見つけられない状況であれば，娘を産んだ方が有利である．なぜなら，息子が3〜4才になってもつがい相手を見つけられなければ，平均的なメスの生涯繁殖成功度の方が高くなるからだ．息子がペア相手を見つけやすいのはどういう状況であろうか？

これまでの話で分かるように，ペア相手がいないオスは，結局のところヘルパーになっている．したがって，これから卵を産もうとするメスにとって，息子がつがい相手を見つけやすいかどうかの物差しは，ヘルパーがいるかいないかであると考えられる．

ヘルパーから独立して繁殖するようになったオスは25例観察された（表6-3と数字が異なるのは調査年数が長いためである）．このうち，1例はもとの繁殖オスのなわばりを受け継ぎ，他の例では，隣か，一つなわばりを挟んでその向こうになわばりを構えた．調査地外から移入してきたオスは11例のうち10例までが調査地域の外縁部になわばりを構えた．このことから，ヘルパーは独立するときに，もといたなわばりを中心にごく限られた範囲にしか行かないと考えられる．配偶者をめぐる競争相手は，ごく近くにいるヘルパーということになる．近くにいるヘルパーとは，結局のところ同じなわばりにいるヘルパーどうしということになるだろう．また，独立したヘルパー25個体のうち12個体は他にヘルパーがいないなわばりから独立し，10個体は他に

表7-5　それぞれの性配分をもった巣の数（Asai et al.投稿中[9]より改変）

雛数	性配分		巣の数	
	オス	メス	ヘルパーあり	ヘルパーなし
4	4	0	1	2
	3	1	6	8
	2	2	9	6
	1	3	9	1
	0	4	0	0
3	3	0	0	0
	2	1	0	9
	1	2	2	1
	0	3	0	1

ヘルパーがいたが，独立時にはなわばり内で年長のヘルパーであった．年下のヘルパーで独立できたのは2個体だけであり，残り1個体は他のヘルパーとの年齢関係が不明であった．一般的には，他のヘルパーがいないときか，自分が一番年上のヘルパーであるときに独立できる．したがって，すでにヘルパーがいる状態で，新たに生まれてくるオスは配偶競争で不利な立場におかれる可能性が高いと言えるだろう．

表7-5はそれぞれの巣の中の性配分を示している．これを見ると，ヘルパーを伴う繁殖ペアではメス雛が多い巣に偏っており，逆に，ヘルパーのいない繁殖ペアではオス雛が多い巣に偏っている．このままでは判断できないので，表7-6のように書き換えてこの表について統計学的に計算した結果，この偏りは偶然に起こったとは考えにくいことが分かった．表7-5，表7-6で示された巣は，卵や雛が捕食などによって減少したものは含まれていない．そのため，卵が産み落とされたあと，どちらかの性が死にやすいことによって生じる偏りが排除されている．逆に言うと，この偏りは産卵時に生じていること

表7-6　偏った性比の巣の数（Asai et al.投稿中[9]より改変）

期待値(a)は1：1性比からの期待値，期待値(b)は観測された巣全体の性比（0.56）からの期待値．
ヘルパーありのカテゴリーでは期待値(a)からの偏りは有意ではなかったが，ヘルパーなしのカテゴリーでは有意に偏っていた．
期待値(b)からは両カテゴリーとも有意に偏っていた．

性配分	ヘルパーあり			ヘルパーなし		
	観測値	期待値(a)	期待値(b)	観測値	期待値(a)	期待値(b)
オス＞メス	7	8.81	11.17	19	10.81	13.21
オス＝メス	9	9.38	9.14	6	6.38	6.22
オス＜メス	11	8.81	6.69	3	10.81	8.57

になる．

いったいどうやって，メスは性を産み分けるのだろうか？　子の性を調節する段階はいくつか考えられるが，その一つは受精時に性染色体の組み合わせを操作するというものである．鳥では，オスは同型の性染色体をもつZZ型なので，オスの作る配偶子はすべてZ染色体をもつことになる．一方で，メスはZW型で，その配偶子はZ染色体をもつものとW染色体をもつものの二つがあるので，子の性を決定するのは，メスに由来する配偶子がどちらの染色体をもつのかによる．配偶子（卵）がもつ染色体を識別して，どちらの卵を受精させるか選ぶ能力をメスがもしもっていたら，メスは受精時に性比を調節できるだろう．しかし，鳥類で性比を調節する仕組みは分かっていない．もしかすると，受精させた後に受精卵の性が分かって，産むことなく吸収することで，そちらの性を減らすという形で操作できるのかもしれない．

7.8　産み分けと遅延分散

これまでの話をまとめてみると次のようになる．

アカオオハシモズの個体群では性比がオスに偏っている．アカオオハシモズは一夫一妻であって，余ったオスというのはヘルパーになっている．ヘルパーどうしは（繁殖オスも含めて）配偶者をめぐるライバルどうしであり，年上のオスの方が配偶競争で有利であるので，新しく生まれてくるオスは他のヘルパーがまわりにいるときには繁殖を開始する年齢が遅くなってしまうかもしれない．メスが卵を産むときには，子ができるだけたくさんの孫を残してくれる方がよいので，ヘルパーがいないときには，生存率の高い息子を多く産み，ヘルパーがいるときには確実に1才から繁殖を始められる娘を多く産む．息子がうまく独立繁殖を始められないとき，母親はヘルパーをもつことになる．そして，ヘルパーは巣立ち後の死亡率の性差がうち消されるようなタイミングで繁殖に参加できるので，そのときまで母親は娘を多く産む．母親にとって理想的には，息子が2才から繁殖を始められるときはいつでも息子を産み，それができないときは娘を産むのがよい．1：1からどの程度ずらすかは，この理想的なサイクルが生じるところにあると考えられる．大きく息子へ偏らせるメスは，息子どうしが配偶競争のライバルとなるので，息子の繁殖開始年齢が遅れるというリスクを伴う．したがって，理想的なサイクルに合わせるためにはもっと微妙に偏らせる方がよいだろう．息子の繁殖開始年齢については，周囲のメスがどのような性比で産むのかが，特に影響すると考えられる．周囲のメスが娘偏りに産んでいるならば，息子偏りで産んだ方がよいし，周囲が息子偏りで産んでいるならば，娘偏りで産んだ方がよいということになってくる．つまり，理想的なサイクルで産めるかどうかは，個体群全体の動向が影響している．そして，ヘルパーの有無は，個体群全体の動向のパラメーターにもなるだろう．結局，成鳥の性比がヘルパーの独立に影響しているし，ヘルパーの有無が個々のメスの性比調節に影響するので，個々のメスが自らのなわばり内のヘルパーだけを目印に産み分けしていても，個体群全体での孵化時性比1：1が維持される．

オスの繁殖開始年齢は2才が最も多いので，母親の産み分けはおおむね成功していると言えるかもしれない．しかし，いつでもうまくいくわけではないので2才以上のヘルパーは個体群中にいつでもいるし，1才のオスは必ずヘルパーとなっている．個体群レベルで見れば，孵化時性比が1：1である以上，巣立ち雛の死亡率に性差があるという生態学的特性によって，オスが余ってくるはずである．1才オスでは，性成熟していないと考えられ，その場合，もともと繁殖に参加できないので，生態学的抑制によって繁殖できないという言い方は正しくない．しかし，一般的な見方をすれば，アカオオハシモズ程度の小鳥は1才から繁殖できる方が普通なので，むしろ，1才で繁殖できないような生態学的抑制があったために，生理学的に性成熟を抑制してしまうような進化がおきた，と考える方が当たっているかもしれない．いずれにせよ，繁殖開始年齢が若いほどその個体の生涯繁殖成功度が高くなるので，そのようにできていないオスは生態学的要因で繁殖を抑制されていると考えられる．性比が調節されているかどうかという話題は，すべて母親の観点に立った議論であって，実際に生まれてきた子にとってではない．3才から繁殖できる状況であれば息子たちの生涯繁殖成功度は平均的には娘たちと釣り合うという議論であったが，息子自身の立場からすれば性成熟と同時に繁殖を開始するのが最もよい．それができない理由は，母親にとって一番よい性比が実現されているからである．そういう意味では，母親と息子の間には利害の衝突が生じているということが分かる．そして，このような利害衝突では，母親が有利で支配的である．

繁殖を遅らせるしかないオスは，適応度を上げるための次善の策として親元にとどまり，生存率を高めていると考えられる．ヘルパーの推定死亡率はどの立場よりも低かった（表7-3）．そして，なわばりにとどまったオスが手伝い行動をとり，協同繁殖という社会システムを見せることになる．このように考えてくると，性比調節の問題が協同繁殖という社会の維持に大きく関わることが分かる．

ところで，繁殖を抑制されているオスはただ黙ってその立場に甘んじているだけだろうか．図7-1で見たように，オスの生涯繁殖成功度は1年繁殖開始が遅れただけで大きく減少すると考えられる．この損失分を埋め合わせるために，単に手伝いをするだけでなく繁殖メスと交尾して子を残そうとするかもしれない．ヘルパーは親元にとどまっているので，繁殖メスが自分の母親であることが多い．この場合，繁殖メスとの交尾は近親交配ということになり，一般的に言えば，子に有害な遺伝子の組み合わせが生じやすく不利なので，このような状況は回避されることが普通である．それでも，アカオオハシモズの場合，つがいメスが入れ替わることはある程度起こるので，ヘルパーから見て血縁ではないメスが繁殖メスとなって存在することがあり得る．このような状況のときには，性成熟したヘルパーが繁殖メスとの交尾を自ら回避する理由はないと思われるので，自らの子を残している可能性がある（第6章参照）．南米ベネズエラに住むタテジマサボテンミソサザイは協同繁殖する鳥として長期研究がなされているが，この鳥のヘルパーは自らも子を残すことがある[7]．アカオオハシモズでも同様のことがおきているかもしれず，現在研究が進められている．しかし残念ながら，その結果をここに記す段階にはまだ至っていない。

引用文献

1）Fisher, R. A. (1930) The Genetical Theory of Natural Selection. Clarendon Press, Oxford.

2）Charnov, E. L. (1982) The Theory of Sex Allocation. Princeton University Press, Princeton.

3）Emlen S. T., Emlen, J. M. and Levin, S. A. (1986) Sex-ratio selection in species with helpers-at-the-nest. American Naturalist 127: 1-8.

4）Komdeur, J., Daan, S., Tinbergen, J. and Mateman, C. (1997) Extreme adaptive modification in sex ratio of the Seychelles warbler's eggs. Nature 385: 522-525.

5）Trivers, R. L. and Willard, D. E. (1973) Natural selection of paternal ability to vary the sex ratio of offspring. Science 179: 90-92.

6）Nishiumi, I. (1998) Brood sex ratio is dependent on female mating status in polygynous great reed warblers. Behavioral Ecology and Sociobiology 44: 9-14.

7）Rabenold, P. P., Rabenold, K. N., Piper, W. H., Haydock, J. and Zack, S. W. (1990) Shared paternity revealed by genetic analysis in cooperatively breeding tropical wrens. Nature 348: 538-540.

8）Asai, S., Yamagishi, S. and Eguchi, K. (Submitted) Mortality of fledgling females causes male bias in the sex ratio of the rufous vanga *Schetba rufa*.

9）Asai, S., Yamagishi, S. and Eguchi, K. (Submitted) Sex ratio manipulation related to the presence of auxiliaries in a cooperative breeder, the rufous vanga *Schetba rufa*.

アカオオハシモズがたどった道

Tracking the route taken by Rufous Vangas

アカオオハシモズ（右）はヘルメットオオハシモズ（左）に一番近い．

口絵III-1　オオハシモズ科の鳥たち．種名の略称は表 8-1 を参照（中央公論新社提供）．

アカオオハシモズがたどった道

Tracking the route taken by Rufous Vangas

山岸　哲・本多正尚 *Satoshi Yamagishi, Masanao Honda*

8.1　アカオオハシモズの仲間たち

本書の主役，アカオオハシモズ *Schetba rufa* はマダガスカル島の固有種であり，固有科オオハシモズ科 Vangidae に属している．現在最も広く親しまれている Langrand の図鑑[1)]によると，マダガスカル島のオオハシモズ科は 14 種からなり，コモロ諸島にはルリイロオオハシモズだけが分布するとされている．この図鑑が出版された後に，博物館標本からゴジュウカラオオハシモズに類似する *Hypositta perdita* が記載されたが，これは絶滅したものであると考えられている[2)]．またシリアカオオハシモズの南西部個体群が独立種カタアカオオハシモズ *Calicalicus rufocarpalis* として近年記載されたり[3)]，ルリイロオオハシモズのシノニム（同物異名）として有効でなくなっていたコモロ諸島のものを独立種 *Cyanolanius comorensis* とする図鑑がでたが[4)]，後者については種とする根拠が全く示されていないので本書では取り扱わないことにする．したがって，上記の14種にカタアカオオハシモズだけを加え，現在のところオオハシモズ科は15種から構成されると考えるのが妥当だろう．

これら15種の種和名は，『世界鳥類和名辞典』[5] をよりどころとしてきたが，かなり不都合が生じている．まず，*Tylas eduardi* は和名辞典ではヒヨドリ科に属し，和名がマダガスカルヒヨドリになっているが，本種は後にも述べるように明らかにオオハシモズ科に属するので，ヒヨドリの呼称は適当ではない．残りの13種（カタアカオオハシモズは和名辞典にはない）についても，同じオオハシモズ科に属するにもかかわらず，その呼び名が「……オオハシモズ」「……マダガスカルモズ」「……モズ」と3通りあり統一されていない．さらに，アカオオハシモズとアカオオオハシモズに至っては非常に紛らわしい．加えて *Xenopirostris* 属の3種には，それぞれ「……ハシボソオオハシモズ」の和名がつけられているが，口絵III-1からも明らかなように，これらのくちばしは決して細くはない．むしろオオハシモズの仲間ではがっしりしている方である．

このような不都合を改善するため，山岸は次のような提唱をしてきた．すなわち1）全種がオオハシモズ科に含まれることが容易に理解されるように「…… オオハシモズ」に統一した．2）その上で，「チェバート（人名）オオハシモズ」を除いて，「オオハシモズ」に形態的な特徴を表す一語を付加することによって，その種の特徴を連想できる短い呼称とした．3）「アカオオハシモズ」との混同を避けるために「アカオオオハシモズ」を「シリアカオオハシモズ」とした．以上の改変点をまとめてみたのが表8-1である[6,7,8]．この表には各種の体長と口絵III-1に対応した各種の略称が記されている．

さて，「オオハシモズ」という和科名は『世界鳥類和名辞典』によるものであるが，これは『世界の鳥についてのピーターズ（Peters）のチェックリス

表8-1 オオハシモズ科の15種．和名は山階の『世界鳥類和名辞典』を一部改変した．改変の理由は本文を参照のこと．属名はPetersの『世界の鳥のチェックリスト』に従った．ただしルリイロオオハシモズの（　）内はLangrand (1990) の属名である．略称は英名からとり，口絵III-1のそれぞれに一致する．私たちの研究が今後認められれば，オオハシモズ科は*Newtonia*属4種を含む19種で構成されることになる．欄外は今回オオハシモズ科であろうと推定されたニュートンヒタキである．

種　名	英　名	略称	体長(cm)	世界鳥類和名辞典
シリアカオオハシモズ *Calicalicus madagascariensis*	Red-tailed-Vanga	RTV	13.5〜14	アカオオオハシモズ
カタアカオオハシモズ *C. rufocarpalis*	Red-shouldered Vanga	RSV	15	—
アカオオハシモズ *Schetba rufa*	Rufous Vanga	RV	20	左に同じ
カギハシオオハシモズ *Vanga curvirostris*	Hook-billed Vanga	HBV	25〜29	左に同じ
クロアゴオオハシモズ *Xenopirostris xenopirostris*	Lafresnaye's Vanga	LV	24	クロアゴハシボソオオハシモズ
シロノドオオハシモズ *X. damii*	Van Dam's Vanga	VDV	23	シロノドハシボソオオハシモズ
クロノドオオハシモズ *X. polleni*	Pollen's Vanga	PV	23.5	クロノドハシボソオオハシモズ
ハシナガオオハシモズ *Falculea palliata*	Sickle-billed Vanga	SBV	32	左に同じ
シロガシラオオハシモズ *Leptopterus viridis*	White-headed Vanga	WHV	20	左に同じ
チェバートオオハシモズ *L. chabert*	Chabert's Vanga	CV	14	左に同じ
ルリイロオオハシモズ *L.* (*Cyanolanius*) *madagascarinus*	Blue Vanga	BLV	16	ルリイロマダガスカルモズ
クロオオハシモズ *Oriolia bernieri*	Bernier's Vanga	BV	23	クロマダガスカルモズ
ヘルメットオオハシモズ *Euryceros prevostii*	Helmet Vanga	HV	28〜30.5	ヘルメットモズ
ゴジュウカラオオハシモズ *Hypositta corallirostris*	Nuthatch Vanga	NV	13〜14	ベニバシゴジュウカラモズ
ハシボソオオハシモズ *Tylas eduardi*	Tylas Vanga	TV	20	マダガスカルヒヨドリ
ニュートンヒタキ *Newtonia brunneicauda*	Common Newtonia	NW	12	左に同じ

ト』[9,10,11,12]で，この鳥たちがモズの近くに置かれていたことと，ヘルメットオオハシモズの大きなくちばしが印象的であることからつけられた和科名であろう．平凡社の『動物大百科』[13]では，和科名がマダガスカルモズ科になっているが，これもマダガスカル島にすむモズに似た仲間という意味であろう．

この科ができ上がってきた歴史をながめてみると，フランス人の J. Delacour が「Vangidés」をマダガスカル島に固有であるとするまでは[14]，この科の鳥たちの多くはモズ科に入れられていた（表8-2）．このことが，この仲間がモズに近い鳥であろうと考えられた根拠であろう．しかし Delacour の科名 Vangidés はフランス語で記載されていたため，この科名は有効ではなく，国際命名規約に従うと Vangidae（オオハシモズ科）を確立したのはアメリカ人の A. L. Rand ということになる[15]．W. J. Bock[16] は Vangidae を設立したのは W. Swainson[17] であるとしているが，Swainson の論文は 1800 年代前半のもので，あまりに古くて本稿を書く時点では原典に当たることができていない．

ところで，Rand のつけた Vangidae（バンギダエ）という科名は，カギハシオオハシモズ（図8-1）につけられた *Vanga curvirostris* という学名の，属名バンガからきている．種小名クルビロ・ストリスは「曲がったくちばし（カギハシ）」という意味のラテン語で，バンガはマダガスカル語の「斑（ぶち）」を意味し，バンガ・バンガで「白黒ぶち」となる．だから，この学名は「くちばしの曲がった白と黒の鳥」という意味で，もとの科名にはモズというニュアンスはまったく含まれていないことが分かる．

Rand は Vangidae を設立はしたが，彼は現在オオハシモズ科に分類されているすべての種をひとまとめにしたわけではない．*Tylas* 属をヒヨドリ科（Pycnonotidae）に，*Euryceros* 属と *Hypositta* 属をそれぞれ1科1属のヘルメットオオハシモズ科（Eurycerotidae）とゴジュウカラオオハシモズ科

表8-2　オオハシモズ科の分類の歴史．この科の分類は非常に混乱していた．—はオオハシモズ科を示す．

種　名	大英博物館カタログ	Delacour (1932)	Rand (1936)	Petersのチェックリスト	Dorst (1960)
シリアカオオハシモズ (RTV)	モズ科	— (Vangidēs)	— (Vangidae)	—	—
アカオオハシモズ (RV)	モズ科	—	—	—	—
カギハシオオハシモズ (HBV)	モズ科	—	—	—	—
クロアゴオオハシモズ (LV)	モズ科	—	—	—	—
シロノドオオハシモズ (VDV)	モズ科	—	—	—	—
クロノドオオハシモズ (PV)	モズ科	—	—	—	—
ハシナガオオハシモズ (SBV)	カラス科	—	—	—	—
シロガシラオオハシモズ (WHV)	モズ科	—	—	—	—
チェバートオオハシモズ (CV)	メガネモズ科	—	—	—	—
ルリイロオオハシモズ (BLV)	モズ科	—	—	—	—
クロオオハシモズ (BV)	モズ科	—	—	—	—
ヘルメットオオハシモズ (HV)	メガネモズ科	—	ヘルメットオオハシモズ科	—	—
ゴジュウカラオオハシモズ (NV)	ゴジュウカラ科	ゴジュウカラ科	ゴジュウカラオオハシモズ科	シジュウカラ科	—
ハシボソオオハシモズ (TV)	ヒヨドリ科	ヒヨドリ科	ヒヨドリ科	ヒヨドリ科	—

(Hyposittidae) に分類している (表8-2)．オオハシモズ科を冒頭で述べた14種にまとめたのはフランス人のD. Dorstである[18]．彼はオオハシモズ類の形態的類似性を頭骨の形態や顎筋のつき方，雛鳥の羽域，脚の鱗の配列などをもとに論議し，*Hypositta* 属と *Tylas* 属を両方ともオオハシモズ科へまとめて入れたのである．しかし，彼はどの種を比べたのかも述べていないし，他の鳴禽亜目の科を比較に用いておらず，オオハシモズ類が共有派生形質に基づ

図8-1　巣に通うカギハシオオハシモズ *Vanga curvirostris*．白と黒のツートーンカラーの鳥で科名 Vangidae のもとになった．

いて一つの祖先種に由来するすべての子孫からなる分類群（単系統）であるとする根拠には乏しい．最近になっても，*Tylas* 属をオオハシモズ科ではなくヒヨドリ科[19] やコウライウグイス科[20] (Oriolidae) に分類する研究者もあるほどだ．

このように分類が混乱する大きな原因は，口絵III-1 からも見て取れるようにオオハシモズ類の形態が著しく多様なためである．小さなものはゴジュウカラオオハシモズの体長13センチメートルから，大きなものはハシナガオオハシモズの32センチメートルまで，大きさの変異は246パーセントにも及ぶ．羽色も白，黒，青，赤褐色，青灰色と変異に富んでいる．まったく起源の異なる系統に属している2種が，例えば似た餌の食べ方をしているうちにくちばしの形態が似てくることがよくある．これを収斂現象というが，収斂による形態の類似性から，この2種が同じ系統に属すると判断することは明らかに誤った結論に導かれる．逆に起源を同一にする2種が，異なった環境に置かれたために形態が違ってくることもよくある．これを放散というが，現在形態が違っているからといって，この2種を系統が異なると考えることはやはり誤った結論に導かれるのである．

8.2　どのように調べるのか

こうしたジレンマを打破するには形態に頼るのではなく，別の形質を使うしかない．DNAの四つの塩基，アデニン(A)，シトシン(C)，グアニン(G)，チミン(T)の配列を比較して，それらの類似性から類縁の近さを計算して系統図を描かせるのが現在は最も手っ取り早い手法になっている．これができるようになったのは，分子生物学における二つのテクニックの開発に負うところが大きい．ひとつはDNAを増やすPCRの開発であり，検体にダメージを与えないよう，ほんのわずかな資料からでも分析可能な多量のDNAを得ることができるようになったことである(図8-2)．もうひとつは，そうして増やしたDNAの塩基配列を自動的に読み取る機械(オートシークエンサー)が開発されたことである(図8-3)．これらの機械を使って，この分

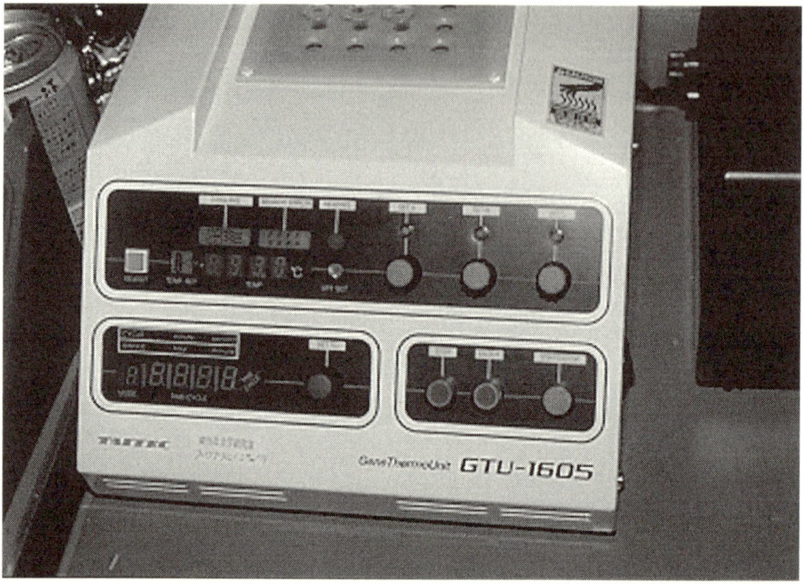

図8-2　ポリメラーゼ連鎖反応（polymerase-chain-reaction 略して PCR）を起こさせる装置．これによって DNA は自動的に増えていく．

野の研究は急速な進展をとげた．

私たちはこの手法を用いて，最初はミトコンドリア DNA のシトクローム *b* 遺伝子の配列を比較してみたが，はかばかしい結果は得られなかった[21]．同じ頃，私たちの友人でアメリカ人の T. S. Schulenberg さんもシトクローム *b* 遺伝子を用いてオオハシモズ科の系統を調べようとした．彼は学位論文の中で，「オオハシモズ科が単系統であるという証拠を得られなかった」と述べている[22]．多分，両者のシトクローム *b* の遺伝子配列を使った分析は突然変異による塩基置換が頻繁におき過ぎて，塩基置換の割合と進化時間が比例しなくなって，系統を類推できなくなるという問題をはらんでいたのだろう．

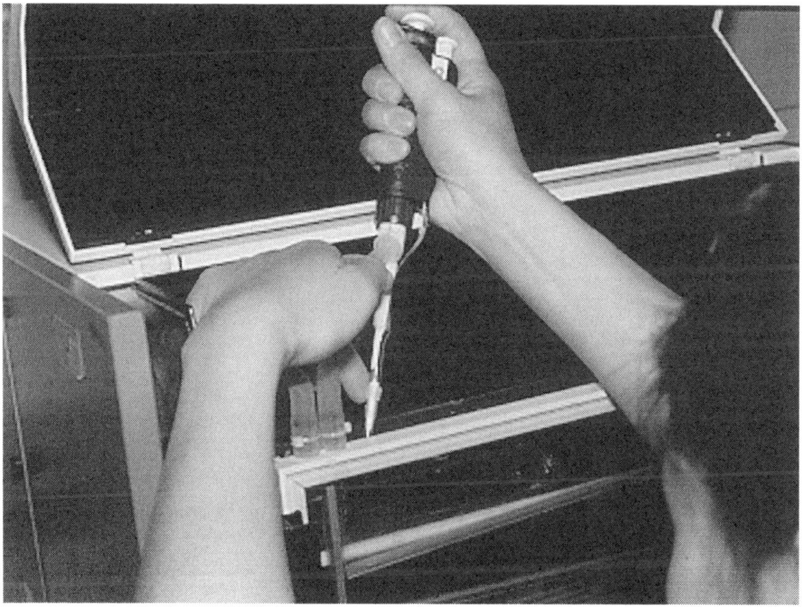

図 8-3　DNA オートシークエンサー．

そこで，次に私たちはミトコンドリア DNA の 12 S と 16 S リボソーム RNA (rRNA) 遺伝子約 880 塩基対の配列を分析した．*Xenopirostris* 属に属するクロアゴオオハシモズ (LV) とクロノドオオハシモズ (PV)，*Calicalicus* 属に属するカタアカオオハシモズ (RSV) は捕獲できなかったため血液サンプルがなかったが，それらはそれぞれ同属のシロノドオオハシモズ (VDV) とシリアカオオハシモズ (RTV) で代表させることにした．すなわち，今回はすべての属を網羅する 12 種のオオハシモズ類を分析対象とした．さらにオオハシモズ類の祖先もよく分からなかったので，セグロヤブモズ *Laniarius ferrugineus* やニュートンヒタキ *Newtonia brunneicauda* も含めできるだけ

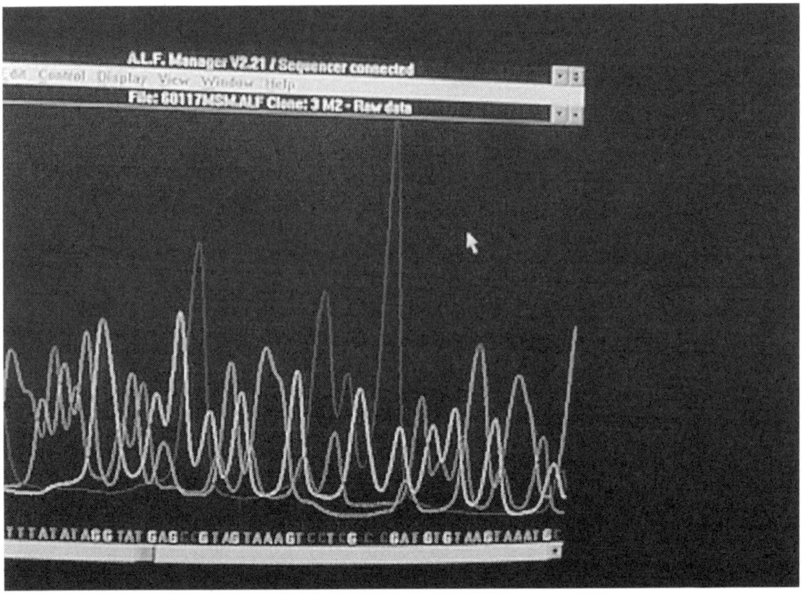

図8-4　DNA オートシークエンサーは自動的に4種類の塩基の配列を読み出してくる．

多くの鳴禽亜目の鳥も分析に加えた．上に述べたような方法で，各種の塩基配列をシークエンサーで読み出させると（図8-4），表8-3のような塩基の配列が得られる．よく見ると時々塩基が別の種類の塩基に置き換わっている部分が見つかる．これを突然変異というが，ミトコンドリアDNAでは，この置換が核内DNAよりはるかに頻繁におきる．だから，この置き換わりの度合いで種と種がどの程度近いか遠いかが計算できるのである．

私たちが今回近隣結合（NJ）法という系統推定法を使って描いた結果は，これまで混乱していたオオハシモズ科の系統関係を明らかにすることができた[23)]．すなわち，図8-5はオオハシモズ科が疑う余地もなく単系統であること

表8-3　ミトコンドリアDNAの12SrRNAと16SrRNAの1437塩基対のうちの一部である60塩基対を示す．下線部で突然変異が起きている．種名の略称は口絵Ⅲ-1と表8-1を参照．

BLV	ACAAACGCTTAAAACTCTAAGGACTTGGCGGTGTTCCAAACCCACCTAGAGGAGCCTGTT
BV	ACAAACGCTTAAAACCCTAAGGACTTGGCGGTGCCCCAAACCCACCTAGAGGAGCCTGTT
CV	ACAAACGCTTAAAACTCTAATGTCTTGGCGGTGCCCCAAACCCACCTAGAGGAGCCTGTT
HBV	ACAAACGCTTAAAACTCTAAGGACTTGGCGGTGCCCCAAACCCACCTAGAGGAGCCTGTT
HV	ACAAACGCTTGAAACTCTAAGGACTTGGCGGTGTTCCAAACCCACCTAGAGGAGCCTGTT
NV	ACAAACGCTTAAAACCCTAAGGACTTGGCGGTGTCCCAAACCCACCTAGAGGAGCCTGTT
RTV	ACAAACGCTTAAAACTCTAAGGACTTGGCGGTGCCCCAAACCCACCTAGAGGAGCCTGTT
RV	ACAAACGCTTGAAACTCTAAGGACTTGGCGGTGCTCCAAACCCACCTAGAGGAGCCTGTT
SBV	ACAAACGCTTAAAACCCTAAGGACTTGGCGGTGCCCCAAACCCACCTAGAGGAGCCTGTT
TV	ACAAACGCTTAAAACTCTAAGGACTTGGCGGTGCCCCAAACCCACCTAGAGGAGCCTGTT
WHV	ACAAACGCTTAAAACCCTAAGGACTTGGCGGTGCCCCAAACCCACCTAGAGGAGCCTGTT
VDV	ACAAACGCTTAAAACCCTAAGGACTTGGCGGTGCCCCAAACCCACCTAGAGGAGCCTGTT
NW	ACAAACGCTTAAAACTCTAAGGACTTGGCGGTGCTCCAAACCCACCTAGAGGAGCCTGTT

を示しているし，ヒヨドリ科へこれまでしばしば入れられてきた *Tylas* や，他の科に分類されることがあった種は間違いなくオオハシモズ科のメンバーであることがこれで証明された．それどころか，これまで一度もこの科へ入れられることのなかったマダガスカル固有属 *Newtonia* が，オオハシモズ科のメンバーであろうと想定されるのだ．*Newtonia* 属は，これまで，ウグイス科 (Sylviidae) かヒタキ科 (Muscicapidae) に分類されていた鳥である．確認のために，最尤 (ML) 法や最節約 (MP) 法という別の系統推定法でこれらの関係を確かめてみたが同様な結果が得られたのである．

8.3　オオハシモズのルーツは

しかし，残念ながら今回私たちが発表した結果では，オオハシモズ科の直接の祖先は確定できなかった．その一番大きな原因は，私がアフリカまでわざわざ出向いたにもかかわらず，メガネモズを捕獲できなかったことによる．しかし，分子データではメガネモズはヤブモズよりさらに系統が遠いとされているので[22)]，少なくともオオハシモズ科の中へ飛び込んでくることはないであろうと予想される．オオハシモズ科の祖先がメガネモズ属（亜科）に近いものである可能性は捨てきれないものの，今回の結果からは，オオハシモズ類の祖先はアフリカのメガネモズ類やヤブモズ類ではなく，オーストラリアのフエガラス科 Cracticidae に近い鳥ではないかと推測される．そうなると，前にも少し触れたが，オオハシモズという呼称はますます不適当だということになるのである．

では，オオハシモズの祖先がマダガスカル島へやってきたのはいつ頃なのであろうか．分子データを使った鳥類の研究では，他に年代推定の有効な物差しがないので，制限酵素断片長データやシトクローム *b* 塩基配列の2パーセントの違いが100万年を示すという大まかな分子時計を仮定すると，オオハシモズの祖先がマダガスカルへ侵入したのは，およそ150万年くらい前だと推定される．

8.4　マダガスカル島で，どのように分化したか

これまで述べたオオハシモズ科の15種にニュートンヒタキが属する *Newtonia* 属4種を含めるとオオハシモズ科は19種になる．これらは，それぞれの種の形態的分化が口絵III-1に見るように極めて著しいため，その多くが1属1種からなる11（12）属として認められており（表8-1），科内の系統関

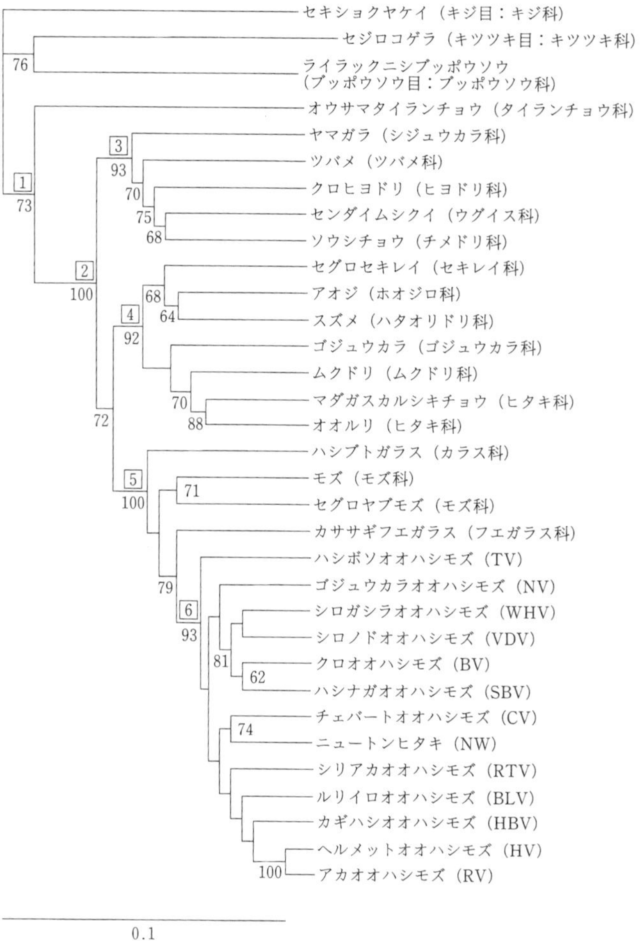

図8-5　近隣結合法によって，12SrRNAと16SrRNAの配列（880塩基対）から導かれた系統図．オオハシモズ類がグループ6としてひとまりの系統であることが分かる．オオハシモズ科の各種の略称と学名はそれぞれ口絵III-1と表3-1を参照．枝の下の数字は1000回のブートストラップ値を示す（50パーセント以下は省略）．横棒の長さは木村の遺伝的距離0.1に当たる（Yamagishi et al. 2001[23)] を改変）．

係はほとんど確立されていない．また，私たちの図8-5でも，それぞれのクラスターの信頼性を支持するブートストラップ値が低過ぎて，オオハシモズ科内の分岐状況を明らかにすることができなかったのである．その主な原因は分析した塩基対数が少な過ぎることによると考えられたので，私たちは引き続きミトコンドリアDNAの12Sと16SrRNAの領域を約1500塩基対まで引き伸ばし，もう一度その配列を比較し科内の分岐のありさまを明らかにすることにした．

図8-6は，モズ *Lanius bucephalus* とカササギフエガラス *Gymnorhina tibicen* を外群に使って近隣結合（NJ）法でオオハシモズ科内の系統を描いた結果である．今度は科内の分岐状況がかなり明瞭に出てきた．近隣結合法において70パーセント以上のブートストラップ値で支持されたクラスターで，かつ最尤（ML）法と最節約（MP）法でも矛盾のないものを有意のクラスターと認識して，分かりやすく分岐図に直してみたのが図8-7である．この図をもとにアカオオハシモズのたどった道を再現してみよう．

オオハシモズの祖先はマダガスカルへ侵入してから比較的短期間に①ゴジュウカラオオハシモズ（NV），②ハシボソオオハシモズ（TV），③チェバートオオハシモズ（CV）・ニュートンヒタキ（NW），④シロノドオオハシモズ（VDV）・クロオオハシモズ（BV）・ハシナガオオハシモズ（SBV）・シロガシラオオハシモズ（WHV），⑤シリアカオオハシモズ（RTV）・ルリイロオオハシモズ（BLV）・カギハシオオハシモズ（HBV）・アカオオハシモズ（RV）・ヘルメットオオハシモズ（HV）の5グループにまずいっせいに分かれたらしい．これらの5グループがどのような順序で分化したのかは分子データでは識別できないほど同時的に分岐している．これはマダガスカル島においては，多くの生態的ニッチががら空きであったためにある短い期間に爆発的に放散がおきたためだと想定される．

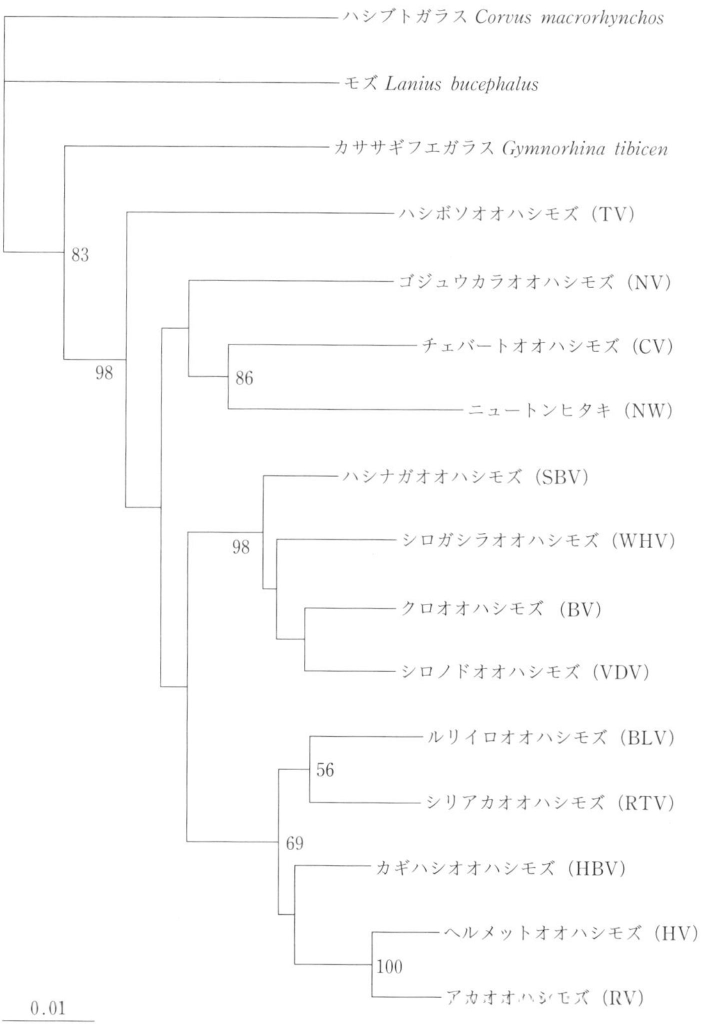

図 8-6　近隣結合法によって，12SrRNA と 16SrRNA の配列（1437 塩基対）から導かれたオオハシモズ科内の系統図．オオハシモズ科の各種の略称と学名はそれぞれ口絵III-1 と表 8-1 を参照．枝の下の数字は 1000 回のフードストラップ値を示す（50%以下は省略）横棒の長さは木村の遺伝的距離 0.01 に当る（Yamagishi et al. 未発表）．

	NV	TV	CV	NW	BV	SBV	WHV	VDV	RTV	BLV	HBV	RV	HV
巣の構造	P	C	C	C	C ?	LB	C	C	C	C	SB	SB	SB
食性	I	I	I	I	I ?	I	I	I	I	I	I+A	I+A	I+A
社会	?	?	P+H	?	PA ?	PA	P+H	P	?	?	P	P+H	P
目の色	B•B	B•B	B•B	Y•B	R•B	B•B	B•B	B•B	B•B	G•B	B•B	R•B	Y•B

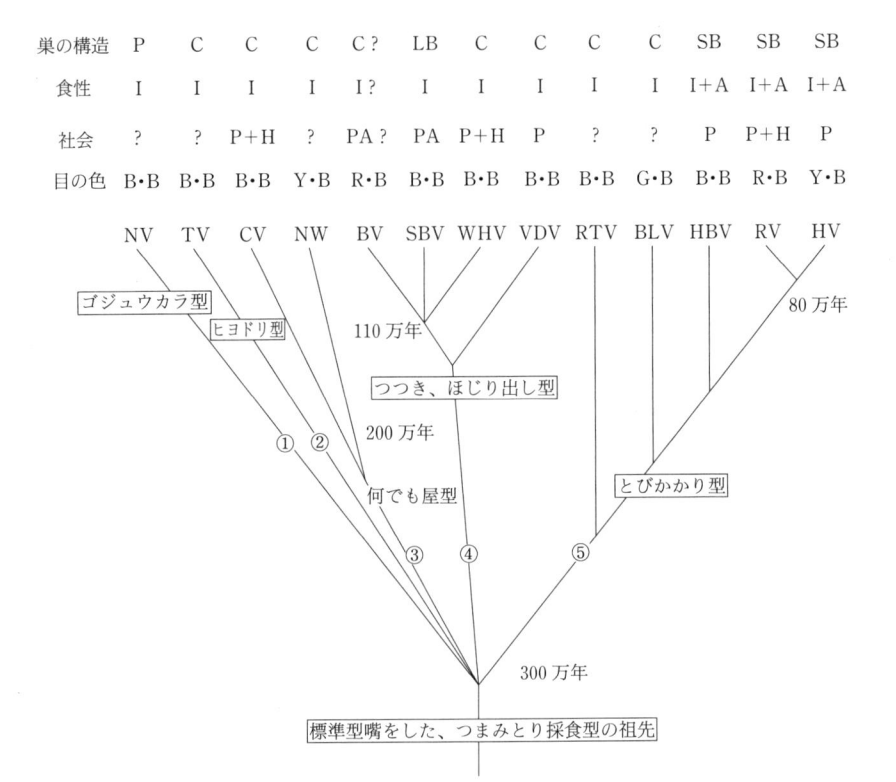

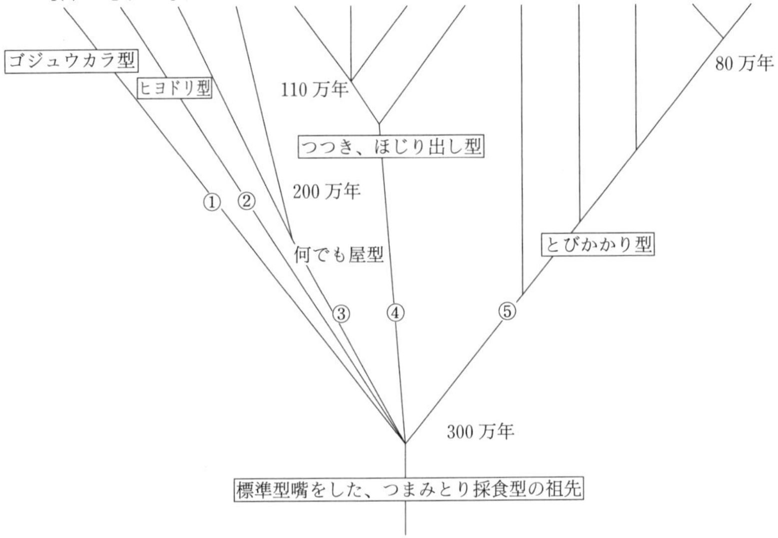

図 8-7　オオハシモズ科内の系統図（概念図）．巣の構造は表 8-4（江口未発表）を参照．P：積み上げ，SB：小形ボウル，C：カップ，LB：大形ボウル．食性は，I：昆虫食，I+A：昆虫＋小動物食．社会は，P：ペア型，P+H：ペア＋ヘルパー型，PA：多夫多妻型．目の色は，B・B：黒黒型，Y・B：黄黒型，R・B：赤黒型，G・B：灰黒型．各種名の略称は口絵III-1 と表 8-1 を参照のこと．

さて，この最初の分岐時期を今度は1500塩基対を基に，先ほどと同様に2パーセントの違いを100万年として計算すると，300万年前という前とは異なった値が得られた．もともとこうした推定はシトクローム *b* の遺伝子で用いられてきたやり方で，それが12Sや16SrRNAに当てはまる保証はどこにもない．正しい推定に近づけるには化石の証拠などまったく別の面からのクロスチェックが必要であることはいうまでもないが，残念ながらオオハシモズ科の化石は産出されていない．そこでごくごく大まかに言うなら，300万年前～150万年前のどこかに求める正答があるのだろう．

その後，グループ③はおよそ230万年前にCVとNWに分岐し，グループ④はVDVが分かれた後，およそ110万年前にBVとSBVとWHVに分化している．最後に，グループ⑤はまずRTV，BLV，HBVの順に分岐し，およそ80万年前に最終的にアカオオハシモズ（RV）とヘルメットオオハシモズ（HV）に分化している．

グループ③～⑤のうちで，比較的最近になって分かれた，VDV・BV・SBV・WHVとRV・HVの2グループについては大きな共通点がある．それはグループ内でくちばしの形態が極めて異なるのに，羽色が極めて似ていることだ（口絵III-1）．前者は黒か白色で，後者は茶褐色と黒の配色をしている．ハシナガオオハシモズ（SBV）とシロガシラオオハシモズ（WHV），ヘルメットオオハシモズ（HV）とアカオオハシモズ（RV）の著しいくちばしの変化に比べて，羽色は驚くほど似ている．逆に言うと，くちばしのこれほどの変化は100万年そこそこでおこりうる現象らしい．それに対して，羽色の方がかえって保守性を保っている．

これとは逆に，PVとTVは羽色が酷似しているのに（口絵III-1），異なるグループに属するようだ．というのは，TVはグループ②に属し，今回血液が入手できなかったPVはVDVと同属なので（表8-1参照）グループ④に属すると思われるからである．しかし，別の系統の2種が，なぜここまで羽色が似ているのかは，まったくわかっていない．

それからもうひとつ面白いことに気がついた．それは少なくともSBVとWHVとVDVの口の中がお歯黒をしたような真っ黒な色をしていることだ．残念ながらBVについての知見はないが，もしこれも口の中が黒色なら，これは系統を反映したグループ④の共通形質であることになる．

これに対して目の色は系統を反映していない．オオハシモズ類の目の色はまわり（光彩）が黒くて中心（瞳）も黒い（B・B），まわりが黄色で中心が黒い（Y・B），まわりが赤色で中心が黒い（R・B），まわりが灰色で中心が黒い（G・B）の4型が認められるが（口絵III-1），図8-7で分かるように，その型は系統と関係ない．これまで亜種の関係にあって，最も近いと思われるシリアカオオハシモズ（RTV）とカタアカオオハシモズ（RSV）を比べると，前者はB・Bで後者はY・Bである（口絵III-1）．このように目の色は簡単に変わる形質なのだろう．

こうして分子データによってオオハシモズ科内の系統が分かったので，これを従来の形態をもとにした属の分類と比較してみよう．ほとんどが1属1種として分類されるオオハシモズ科の中で，複数の種を有するのは *Leptopterus* 属，*Xenopirostris* 属，*Newtonia* 属の3つである．この中で，*Leptopterus* 属3種・チェバートオオハシモズ（CV）とシロガシラオオハシモズ（WHV）とルリイロオオハシモズ（BLV）が分類学上，研究者間で意見が分かれており，WHVが *Artamella* 属，BLVが *Cyanolanius* 属に[24]分類されたこともある．この属が分子データの系統でまとまっているかどうかをみると，これが見事に別々の3グループに属しているのである（図8-7）．これは，これらの3種が比較的古くに分化したことを物語っており，分類学的にもそれぞれを別属として扱う意見を支持している．逆に，別属に分類されながらアカ

オオハシモズ (RV) とヘルメットオオハシモズ (HV)，ハシナガオオハシモズ (SBV) とシロガシラオオハシモズ (WHV) はそのくちばしの形態の著しい違いにもかかわらず同じグループに属しており，これらの近縁性は Schulenberg さんのシトクローム b の分子データからの結果とも矛盾していない[22)]．

8.5　系統と採食行動

さて，この系統図に以前本章筆者の一人山岸と江口さんが野外で得た，それぞれの種がどのようなやり方で餌を採るかという採食行動[25)] を重ね合わせてみるとさらに興味深いことが分かる (図 8-8)．そもそもオオハシモズはどの種も餌を摘み取るやり方で採食する．BV はほとんど同一の樹でデータがとられ，その数も少ないので，かなり偏りがあるとみなければならない．おそらく，もっとサンプル数を増やせば，摘み取り型が出てくると思われる．

そうなると，オオハシモズ類は採用する割合は違うとはいえ，(1)ほとんどの種が摘み取り型の採食法を有している．また，(2)古い系統ほど摘み取り型の割合が多く，食性は昆虫食であることから，オオハシモズの祖先はおそらく標準型のくちばしをした，摘み取り型の昆虫食者であったと予想することができる．

グループ①と②は摘み取りを主な採食法とする．グループ③は様々な方法を均分して採用しているのが特徴である．ところで，グループ④はキツツキ型のつつき・ほじり出しをすることで特徴づけられる．それに対してグループ⑤は，最も早期に分かれたシリアカオオハシモズ (RTV) ではまだ摘み取

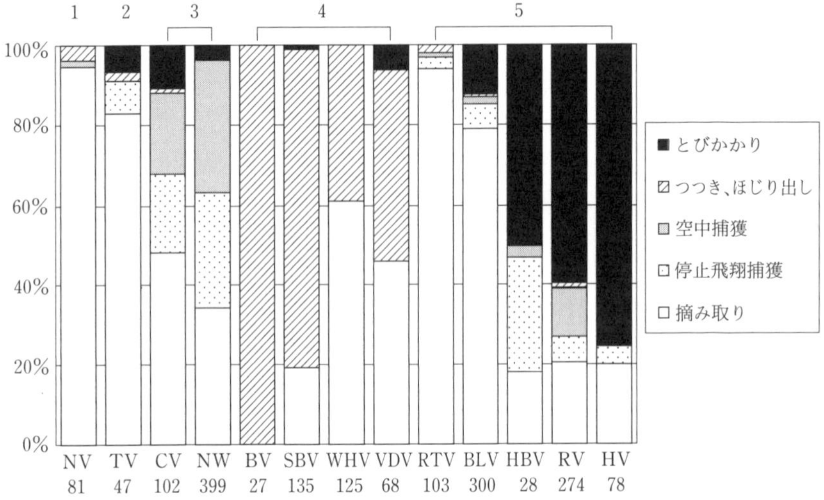

図8-8　オオハシモズ類の採食行動. 図8-6と7で系統が判明した種だけを示した. 種名の下の数字は観察例数を示す. 各種名の略称は口絵III-1と表8-1を参照のこと. この図を基にして, 図8-7の採食型を判定した (NWとBVを除いてYamagishi and Eguchi 1996[25]より).

りに止まっているものの, 次に分かれたルリイロオオハシモズ (BLV) でわずかにとびかかりが現れ, とびかかりの占める割合が時代を下るほど多くなるという特徴を有している. 次章でも見るように, とびかかり採食の多い最後の3種では昆虫も食べるがトカゲ, カメレオンなどの小型動物が餌の中で占める割合が多くなってくる[26,27]. こうした採食方法を考慮すると, つつき・ほじり出し行動は, グループ④で進化し, とびかかり行動はグループ⑤のシリアカオオハシモズ (RTV) が分岐した後, ルリイロオオハシモズ (BLV) が分岐する前あたりで出現した行動らしい.

まとめてみる. 本書の主役, アカオオハシモズは, およそ300万年前にオオハシモズの祖先がこの島に飛来した直後に，ほぼ同時に分化した五つのグループのひとつに属する．このグループには他にシリアカオオハシモズ，ルリイロオオハシモズ，カギハシオオハシモズ，ヘルメットオオハシモズが含まれるが，アカオオハシモズは最終的にはおよそ80万年前頃に，ヘルメットオオハシモズと分かれたものと想定される．このグループは「とびかかり型」の採食様式で特徴づけられ，はじめはシリアカオオハシモズのように虫を「摘み取って」いたものが，ルリイロオオハシモズから虫にとびかかるようにもなり，さらにカギハシオオハシモズからカメレオンやトカゲなど小動物にもとびかかるようになったらしい．そのうちでもアカオオハシモズは，特に地上の餌にとびかかる[25]という点で特徴的であるといえる．

従来の分子系統図に生態や行動を重ね合わせる研究では，これほど系統によって行動がきれいに分離している例は見当たらない．それは，生態的ニッチがほぼ埋まっているところへ後から無理に入り込んでいくために，行動や生態を変化させて適応していかなければならなかったからだろう．これに対して，オオハシモズ類の場合は，繰り返しになるが，ニッチががら空きだったので，無理して行動を変える必要がなかったと想定され，くちばしの多様性は採食場所や餌品目を細分化するための方便であったに相違ない．これに対して，造巣行動や社会はかなり可塑性に富んでいる．

8.6　系統と巣の構造や社会

まず，巣の構造についてみてみよう．アカオオハシモズの巣の構造がボウル型であることは，すでに第4章で江口さんによって述べられた通りだが，この巣のつくりはカギハシオオハシモズにもっとも似ている．ではオオハシモズ類全体を見たとき，巣の構造はそれぞれどうなっているのだろうか．山岸はかつてオオハシモズ類の巣の構造に着目して，それが系統を反映しているかもしれないと指摘したことがある[28]．その後，江口さんは，オオハシモズ類15種について，自らの知見と文献をもとに表8-4を作成している．彼によると，オオハシモズ類の巣の形態は4種類に分けられる．1）ハシナガオオハシモズはキジバトやカラスの巣のように，木の枝を積み上げた大きなボウル状の巣 (LB) を，2）ゴジュウカラオオハシモズは樹洞にコケを積み上げた巣 (P) を，3）アカオオハシモズ，カギハシオオハシモズ，ヘルメットオオハシモズは樹の又に巣材を積み上げた小型ボウル状の巣 (SB) を，4）残りの種は，大きさや巣の設置位置などは異なるが，すべてカップ状と呼べる形態の巣 (C) をつくるという．山岸は後二者をすべて「カップ型」としてまとめ3類型としたが[28]，アカオオハシモズなど3種の巣をカップというには大きすぎ，巣材を編みこんだようなカップ状の巣とも異なり，材料を積み上げたボウル状をしていると江口さんは見る．

カップ状巣をつくる種のうち，*Xenopirostris* 属3種とチェバートオオハシモズは巣を水平な枝に固定する「据え置き型」で，これは植物繊維を籠状に編み込んだり，巣を水平な枝の上に固定するなどかなり技巧的である．一方，他のカップ状の巣をつくる種の，ハシボソオオハシモズ，ルリイロオオハシモズ，シリアカオオハシモズ，シロガシラオオハシモズは，メジロのように枝先に巣をぶら下げる（「ぶら下がり型」）．巣の材料から見ると，ハシナガオオハシモズとゴジュウカラオオハシモズの巣が，他種と大きく異なる．また，これら2種以外の種ではクモの巣を巣材に使用することが共通していると江口さんは主張する（表8-4参照）．

巣の形態や材料が系統と多少とも関係することは，ツバメ類やカマドドリ

表8-4　オオハシモズ類各種の形態的特徴，生息環境，植生，巣の特徴

和名	属名	全長(cm)	生息環境	巣の形態	巣の位置	巣材			
								コケ・地衣類	クモの糸
ゴジュウカラ　NV	*Hypositta*	14	RF	積み上げ(P)	樹洞			○	
ヘルメット[1]　HV	*Euryceros*	31	RF	小形ボウル(SB)	木の又	植物繊維	枯れ枝，(シダ)	○	(○)
アカ　RV	*Schetba*	20	RF/DF	小形ボウル(SB)	木の又	(植物繊維)	葉柄	(○)	○
ハシボソ　TV	*Tylas*	20	RF/DF	カップ(C)	枝先	(植物繊維)	葉柄	(○)	○
クロ[2]　BV	*Oriolia*	23	RF	カップ？(C)	ヤシの葉＊	植物繊維		(○)	
カギハシ　HBV	*Vanga*	29	ALL	小形ボウル(SB)	木の又	(植物繊維)	葉柄		○
ルリイロ　BLV	*Cyanolanius*	16	RF/DF	カップ(C)	枝先		葉柄		○
シリアカ[3]　RTV	*Calicalicus*	14	RF/DF	カップ#(C)	枝先		葉柄		○
シロノド　VDV	*Xenopirostris*	23	DF	カップ(C)	枝上	植物繊維	草の葉		○
クロノド[4]　PV	*Xenopirostris*	24	RF	カップ(C)	枝上	植物繊維	草の葉		○
クロアゴ　LV	*Xenopirostris*	24	SF	カップ(C)	枝上	植物繊維	草の葉		○
チェバート　CV	*Leptopterus*	14	ALL	カップ(C)	枝上	植物繊維			○
シロガシラ　WHV	*Leptopterus*	20	ALL	カップ#(C)	枝先	(植物繊維)	枯れ枝		○
ハシナガ　SBV	*Falculea*	32	DF/SF	大形ボウル(LB)	木の又		枯れ枝・ツル		
ニュートンヒタキ[5]　NW	*Newtonia*	12	ALL	カップ(C)	枝先	植物繊維	木の葉		○

和名の末尾の「オオハシモズ」を省略（ニュートンヒタキは現分類ではヒタキ科）略称は口絵III-1と表8-1を参照

生息環境：RF＝熱帯降雨林，DF＝落葉広葉樹林，SF＝半砂漠有刺林，ALL＝３つの森林タイプの全てに生息，/＝両森林タイプに生息。形態，材料：カップ#＝作りが粗い，植物繊維＝支根などが主体，（　）＝量は少ない，＊ヤシの葉の基部の隙間

出典：全長，生息環境については，Langrand (1990)[1] より，巣に関する情報は，江口未発表，Rakotomanana et al. (2000)[26]，Thorstrom and de Roland (2001)[31]，Langrand (1990)[1]，Putnam (1996)[32]，山岸他 (1997)[8]．
他はすべて江口未発表

類で明らかになっている[29,30]．技巧的かどうかから見ると，積み上げボウル→ぶら下がりカップ→据え置きカップの順に進化したように見えるが，系統とはそんなに関係していないらしい（図8-7)．巣の形態，材料，設置場所がよく似ているアカオオハシモズ，カギハシオオハシモズ，ヘルメットオオハシモズ３種は，系統的にも近く，単系統グループを形成している（表8-4，図8-7)．これらと姉妹群となるシリアカオオハシモズやチェバートオオハシモズはカップ状の巣をつくり，一方は据え置き型，もう一方はぶら下がり型である．ハシナガオオハシモズは系統的にはシロガシラオオハシモズや *Xenopirostris* 属に近いが，巣の形態の違いは大きい（表8-4)．これらにはカップ状巣

(据え置き型もぶら下がり型も) と木の枝の積み上げ型巣が混在している (図8-7).

このように，オオハシモズ類の場合，巣の形態，材料，造巣行動などが系統を反映している部分も，ない部分もある．つまり，営巣生態の中でも系統を反映する部分と，生息環境や材料の得やすさなど生態的要因によって容易に変わりうる部分があると江口さんは考えている．たとえば，湿潤な降雨林に棲むゴジュウカラオオハシモズやヘルメットオオハシモズなどはコケをたくさん用いた巣を造り，比較的乾燥した疎林に生息する *Xenopirostris* 属，ハシナガオオハシモズ，シロガシラオオハシモズなどは葉や枯れ枝などを巣の材料にしている (表8-4)．こうした造巣行動の進化もオオハシモズ科の科内の分岐系統が今後変われば，見直されなければならないことはもちろんであるし，各種の巣の構造ももう少し定量的に解析する必要があろう．

オオハシモズ類の比較社会の研究は次章で見るように，上越教育大学の中村雅彦さんを中心に現在進められている．大別して，ペア社会 (P)，ヘルパーつき協同繁殖社会 (P+H)，多夫多妻社会 (PA) の三つがこれまで認められているが，これらの社会は五つの系統をまったく反映していない．同一系統の中に繰り返し，どの社会も出現してくる (図8-7)．社会がどのような要因によって決まってくるのかは，彼に任せておくことにしたい．

このように分子データに基づく系統が分かってみると，主に形態学に基づく分類学者や系統学者のこれまでの分類が大筋で驚くほど的を射たものであることがよく分かる．分子系統解析は収斂による混乱を整理するのに役立っている．オオハシモズのように19種が11 (12) 属に分類されるほどその分化が激しく，これまで形態・生態・行動を基にした科内の分岐過程がうまく提示されてこなかった分類群では，分子生物学的手法は特に有効な手段となり得るだろう．また「ニュートニア属がオオハシモズ科である」という私たちの新しい提案は，分類学者・形態学者・生態学者・行動学者の今後の研究意欲を大いに駆り立てるに違いない．

とは言っても，オオハシモズ科は，なぜ果実食・花蜜食・種子食には適応放散しなかったのであろうか．オオハシモズの適応放散に関する真の研究はこれから始まるといっても過言ではない．つまり，なぜそのような適応放散が生じたのか，そのメカニズムを探る研究こそ，生態学にとっては重要であるからだ．

引用文献

1）Langrand, O. (1990) Guide to the Birds of Madagascar. Yale University Press, New Haven.

2）Peters, D. S. (1996) *Hypositta perdita* n. sp., a new avian species from Madagascar (Aves: Passeriformes: Vangidae). Senckenbergiana Biologica 76: 7-14.

3）Goodman, S. M., Hawkins, A. F. A. and Domergue, C. A. (1997) A new species of vanga (Vangidae, *Calicalicus*) from southwestern Madagascar. Bulletin of the British Ornithologists'Club 117: 5-10.

4）Sinclair, I and Langrand, O. (1998) Birds of the Indian Ocean Islands. Struik, Cape Town.

5）山階芳麿 (1986) 世界鳥類和名辞典．大学書林．東京．

6）山岸哲 (1995) オオハシモズ類の和名の改訂．Siketribe (7): 8.

7）山岸哲 (1996) 動物地理から見た多様性．マダガスカル島の鳥類．304-320．岩槻・馬渡篇『生物の多様性』裳華房．東京．

8）山岸哲篇著 (1997) マダガスカル鳥類フィールドガイド．海游舎．東京．

9）Rand, A. L. (1960) Laniidae. In: Myar, E. and Greenway, J. C. Jr (eds) Check-list of birds of the world. vol IX. Cambridge: Mus. Comp. Zool. pp 309-364.

10) Rand, A. L. and Deignan, H. G. (1960) Pycnonotidae. In: Myar, E. and Greenway, J. C. Jr (eds) Check-list of birds of the world. vol IX. Cambridge: Mus. Comp. Zool. pp 221-300.
11) Snow, D. W. (1967) Paridae. In: Paynter, R. A. Jr (ed) Check-list of birds of the world. vol XII. Cambridge: Mus. Comp. Zool. pp 70-124.
12) Watson, G. R. Jr, Traylor, M. A. Jr. and Mayr, E. (1986) Sylviidae. In: Myar, E. and Cottrell, G. W. (eds) Check-list of birds of the world. vol XI. Cambridge: Mus. Comp. Zool. pp 3-294.
13) 黒田長久監修 (1986)『動物大百科』平凡社. 東京.
14) Delacour, J. (1932) Les Oiseaux de la misson zoologique Franco-Angro-Amerficaine a Madagascar. L'Oiseau Revue Fr d'Ornithol. 2: 1-96.
15) Rand, A. L. (1936) Distribution and habits of Madagascar birds. Summary of the field notes of the misson Franco-Angro-Americaine a Madagascar. Bull. Amer. Mus. Nat. Hist. 72: 143-449.
16) Bock, W. J. (1994) History and nomenclature of avian family-group names. Bull. Amer. Mus. Nat. Hist. No. 222, New York.
17) Swainson, W. and Richardson, J. (1831) Fauna boreali-americana. Part 2. The Birds. pp 523. London.
18) Dorst, D. (1960) Consideration sur les Passereaux de la famille des Vangides. In: Bergman, G., Donner, K. O. and Haarman, L. V. (eds) Proceeding of XII International Ornithological Congress, vol 1. Helsinki. pp 173-177.
19) Howard, R. and Moore, A. (1991) A complete checklist of the birds of the world. 2nd ed. Academic Press, London.
20) Appert, O (1994) Gibt es in Madagaskar einen Vertreter der Pirole (Oriolidae)? Zur systematischen Stellung der Gattung *Tylas*. Ornithol. Beobach. 91: 255-267.
21) Shimoda, C., Yamagishi, S., Tanimura, M. and Miyazaki-Kishimoto, M. (1996) Molecular phylogeny of Madagascar vangids: Sequence analysis of the PCR-amplified mitochondrial cytochrome *b* region. In: Yamagishi, S. (ed) Social evolution of birds in Madagascar, with special respect to vangas. pp 19-26. Osaka City University, Osaka.
22) Shulenberg, T. S. (1995) Evolutionary history of the vangas (Vangidae)

of Madagascar. Chicago: Ph. D. Thesis. Univ. Chicago.
23) Yamagishi, S., Honda, M. and Eguchi, K. (2001) Extreme Endemic Radiation of the Malagasy Vangas (Aves: Passeriformes). J. Mol. Evol. 53: 39-46.
24) Sclater, W. L. (1924) Systema Avium / Ethiopicarum. A systematic list of the Birds of the Ethiopian Region, Part I, pp 304, Taylor & Francis, Londres.
25) Yamagishi, S. and Eguchi, K. (1996) Comparative foraging ecology of Madagascar vangids (Vangidae). Ibis 138: 283-290.
26) Rakotomanana, H., Nakamura, M., Yamagishi, S. and Chiba, A. (2000) Incubation Ecology of Helmet Vangas *Euryceros prevostii*, Which are Endemic to Madagascar. J. Yamashina Inst. Ornithol. 32: 68-72.
27) Rakotomanana, H., Nakamura, M. and Yamagishi, S. (2001) Breeding Ecology of the Endemic Hook-billed Vanga, *Vanga curvirostris*, in Madagascar. J. Yamashina Inst. Ornithol. 33: 25-35.
28) 山岸哲 1994. 野鳥の巣は系統を反映するか？　遺伝 48：4-5.
29) Winkler, D. W. and Sheldon, F. H. (1993) Evolution of nest construction in swallows (Hirundinidae). Proc. Nat. Acad. Sci. USA 90: 5705-5707.
30) Zyskowski, K. and Prum, R. O. (1999) Phylogenetic analysis of the nest architecture of neotropical ovenbirds (Furnariidae). Auk 116: 891-911.
31) Thorstrom, R. and de Roland, Lily-Arison R. (2001) First nest descriptions, nesting biology and food habits for Bernier's Vanga, *Oriolia bernieri*, in Madagascar. Ostrich 72: 165-168.
32) Putnam, M. S. (1996) Aspects of the breeding biology of Pollen's Vanga (*Xenopirostris polleni*) in southeastern Madagascar. Auk 113: 233-236.

オオハシモズ科鳥類の比較社会

Comparative sociology of the family Vangidae

中村雅彦 *Masahiko Nakamura*

9.1　比較

生態学では，いくつかの種の社会を比較して社会の進化を議論することがよく行われる．また，環境条件と社会の関係から，ある社会がなにがしかの環境条件に適応して進化したと議論することもある．例えば J. H. Crook は，ハタオリドリ類の社会構造，集合様式と生息環境の構造，食性などの環境要因の種間比較を行い，森林に生息する種はペアでなわばりを防衛し，互いにスペースアウトする一方でサバンナなどのより開けた環境に生息する種は群れを形成し，コロニー繁殖する傾向を見出した[1]．このような種を並列的に扱う従来の種間比較の方法に対し，最近の約10年間は分子系統学の急速な発展に伴い「生物はその背後に系統関係を抱えている」という視点を加えた新たな種間比較ができるようになった．

前章ですでに見たように，マダガスカルのオオハシモズ類は，体サイズと嘴の形態の分化が著しいが，生化学的証拠から単系統であることが分かっている[2]．さらにオオハシモズ類は，およそ300万年前にフエガラスを姉妹群とする祖先種がマダガスカルに飛来した直後のほぼ同時期に五つのグループに分化したことも分かっている（第8章参照）．そのためオオハシモズ類は，系統関係を考慮に入れた社会の種間比較ができる好適な材料なのである．

オオハシモズ類の中で最も定量的，定期的に研究されている種はアカオオハシモズ *Schetba rufa* である．アカオオハシモズは本書第I・II部で詳述されているようにペアか単雌複雄群を繁殖単位とし，単雌複雄群では若齢のオスがヘルパーとしてなわばり防衛，捕食者攻撃，雛への給餌など繁殖ペアを手伝う．こうした繁殖システムは協同繁殖と呼ばれ，本書ですでに何回も触れたように約9000種の鳥類のうち220種以上（全種の約3パーセント）でしか知られていない[3]．では，こうしたアカオオハシモズの協同繁殖システムは他のオオハシモズに広く見られる繁殖システムなのだろうか．逆にオオハシモズの中でアカオオハシモズだけに見られる特異的な繁殖システムなのだろうか．アカオオハシモズの社会は，オオハシモズ類各種の社会と比較し，全体の中でその社会を相対的に位置づけることによってより明確になる．

オオハシモズ類の比較社会に関する研究はほとんどない．そもそもオオハシモズ類各種の繁殖生活史や繁殖システムに関する情報は，前述したようにアカオオハシモズ以外はごく少なく，また断片的である．江口和洋さんは各種の断片的な情報を整理し，オオハシモズ類は形態面や，採餌行動面では分化を遂げているが，社会構造面では種間の違いは小さいと考えた[4]．しかし，各種の繁殖システムに関する野外調査を徹底すれば，オオハシモズ類に見られる多様な嘴の形態と同じくらい多様な社会が期待できるのでは，と私はひそかな確信をもち1999年と2000年の10月から12月までの計6か月間マダガスカルに滞在した．この間，多くの方々の協力のおかげでオオハシモズ類のうち約半数の8種において程度の差こそあれ様々な情報を得ることができた．本章では造巣から育雛までの雌雄の役割分担のデータをもとに繁殖システムを規定し，「環境」，「繁殖システム」，「系統」をキーワードに情報量は少ないながらもオオハシモズ類8種の繁殖システムを比較し，アカオオハシモズの協同繁殖はオオハシモズ各種の社会の中でどのような位置にあるのか検討したい．

9.2 オオハシモズ類の分布

オオハシモズ類は，マダガスカル中央部に広がる中央高地を除き，ほぼ全域に分布している．中央高地の標高は高く，植生はステップ状となり，灌木もあるがそのほとんどは小さなパッチ状に分布している．このためオオハシモズ類のような樹上性鳥類の多くは中央高地に生息することができず，そこには草原性の鳥類が優占する．

全島的な分布といってもすべてのオオハシモズ類が中央高地を除くマダガスカル島の隅々にまで分布しているわけではない．島内の気候は中央高地によって，西と東に明確に分けられ，それに応じて植生も推移し，湿度の高い東部地域と乾燥した西部地域に，さらに後者のうち南部は半砂漠性気候区として分けられる（図9-1）．東部湿潤気候区には熱帯ないし山地性の降雨林が，西部乾燥気候区には落葉性広葉樹林が，半砂漠気候区には半砂漠有刺林と呼ばれる乾地性植物の林が広がっている（図9-1）．こうした気候区と植生にそれぞれの種の分布は依存している．例えばクロオオハシモズ *Oriolia bernieri*，ヘルメットオオハシモズ *Euryceros prevostii* はマダガスカル北東

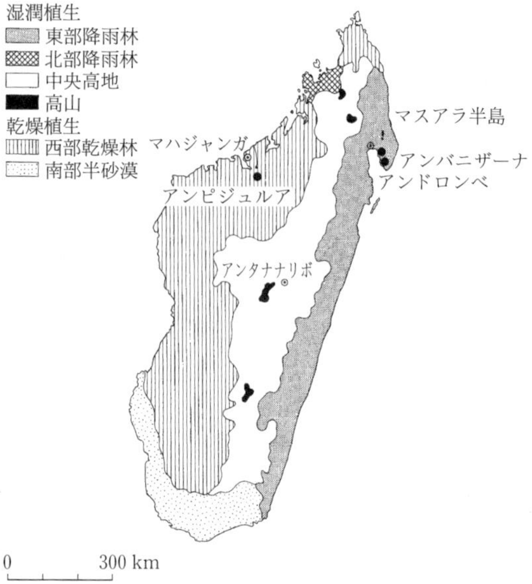

図9-1 マダガスカル島の植生 (Sussman et al. 1985[5] を改変)

部に位置するマスアラ半島を中心に分布し，ゴジュウカラオオハシモズ *Hypositta corallirostris* とクロノドオオハシモズ *Xenopirostris polleni* は東部湿潤気候区の降雨林に分布する (図9-2)．その一方でハシナガオオハシモズ *Falculea palliata* は島の西側に分布が偏る．カギハシオオハシモズ *Vanga curvirostris* やシロガシラオオハシモズ *Leptopterus viridis* は島の東西両方にまたがる形で分布している (図9-2)．またハシボソオオハシモズ *Tylas eduardi* も島の東西にまたがって分布しているが，分布の中心は東側で，西側の分布地は限られている．シロノドオオハシモズ *Xenopirostris damii* とクロアゴオオハシモズ *Xenopirostris xenopirostris* は西部乾燥気候区に極めて

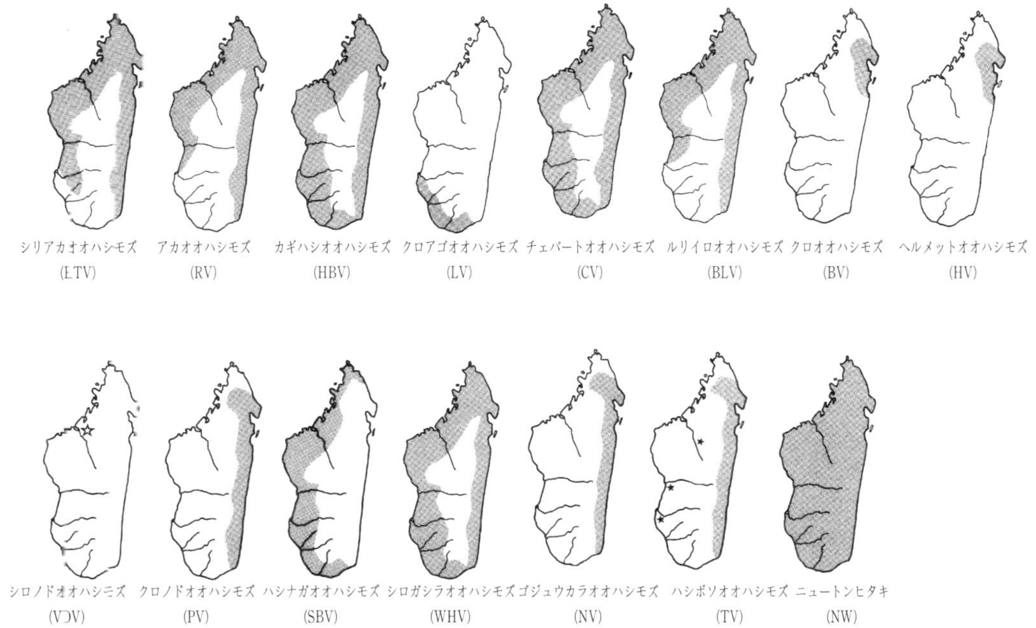

図9-2　オオハシモズ類15種の分布域（Langrand 1990[6]）から引用．括弧内の大文字アルファベットは種名の略号を示す．口絵III-1と表8-1を参照）

局所的な分布域しかもたない（図9-2）．アカオオハシモズは，ルリイロオオハシモズ *Cyanolanius madagascarinus* やシリアカオオハシモズ *Calicalicus madagascariensis* と同様，半砂漠有刺林と中央高地を除く島の東部と西部に広く分布している．また，山岸哲さんたちによって新たにオオハシモズ類に位置づけられたニュートンヒタキ *Newtonia brunneicauda*[2] は他のオオハシモズとは異なりまさに全島的な分布をしているが，中央高地では局所的に分布している（図9-2）．

オオハシモズ類は季節によってアフリカ大陸やユーラシア大陸へと移動する渡り鳥ではない．マダガスカル南西部の落葉広葉樹林に生息するルリイロオオハシモズは，乾期には林内から姿を消すという報告があるが[7]，オオハシモズ類は基本的に年間を通して同じ場所に生息し，ほとんど長距離移動をしないと考えられている[6]．

9.3　オオハシモズ類の生息環境

さて，こうした分布と系統はどのような関係にあるのだろうか．江口さんはオオハシモズ類の生息環境を「熱帯雨林」，乾燥地の「落葉広葉樹林」，「半砂漠有刺林」，そしてこれらすべてを含む「すべての環境」の四つに大別している[4]．そこで，この四つの生息環境を前章で述べられた分子系統樹上の各種に配置してみると，オオハシモズ類は特定の生息環境に集中しないことが分かる．例えば系統的に近縁な関係にあるヘルメットオオハシモズとアカオオハシモズでは，前者が熱帯雨林にだけ生息するのに対し，後者は熱帯雨林と落葉広葉樹林の双方に生息する（図9-3）．また，近縁な関係にあるシロノドオ

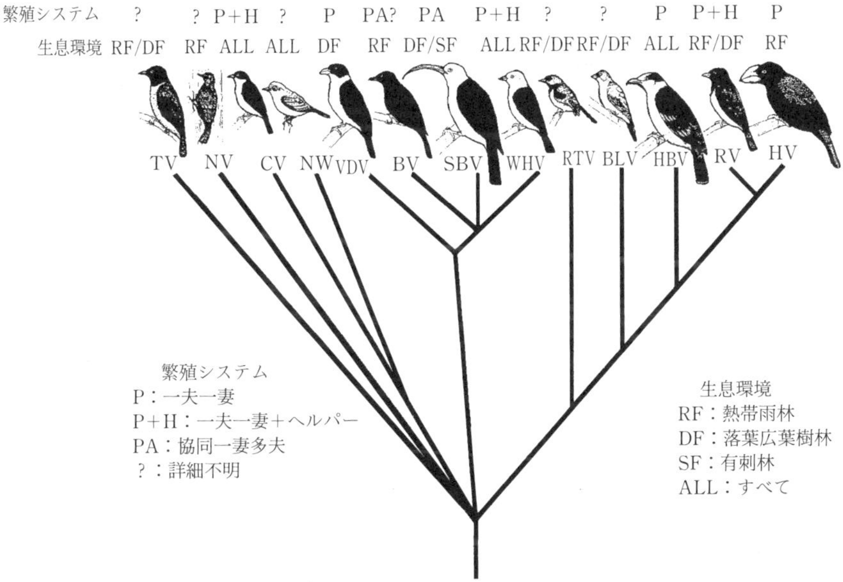

図 9-3　オオハシモズ類 13 種の系統，生息環境と繁殖システム（各種の略称は口絵Ⅲ-1 と表 8-1 を参照，図 8-7 を改変）

オハシモズ，クロオオハシモズ，ハシナガオオハシモズ，シロガシラオオハシモズの 4 種では，ハシナガオオハシモズとシロノドオオハシモズは乾燥した落葉広葉樹林に生息するがクロオオハシモズは熱帯雨林，シロガシラオオハシモズはすべての環境という具合に系統的に近縁な種のすべてが同一生息環境に集中することはない（図 9-3）．つまり，オオハシモズ類は系統によって生息環境を分割することなく，各生息環境において複数種が共存している．

熱帯降雨林から半砂漠有刺林までの移行過程では，樹木の高さが低くなると同時に，樹冠のうっぺい度，下草の密度，ツル植物の密度が低くなる．言い換えると，森林内の階層の減少をもたらし，それぞれの種が利用する採餌空間が少なくなる．このため，各生息環境において複数種が共存しているものの熱帯降雨林から半砂漠有刺林へ移行するにつれて共存するオオハシモズの種数は減少することが分かっている[4]．オオハシモズ類の餌は主に昆虫類や両生・爬虫類である．それぞれの種は嘴を反映した採餌方法をもち，適応する採餌空間を分化させることによってそれぞれの環境の中で共存している[8]．

9.4　オオハシモズ各論

鳥類の繁殖システムには大きく分けて一夫一妻，一夫多妻，一妻多夫，多夫多妻，乱婚の五つが知られている．一夫一妻は，1羽のオスと1羽のメスが，期間の長短にかかわらずペアの絆を形成し，多くの場合，両親が卵や雛の世話をする．一夫多妻は，1羽のオスが数羽のメスと配偶関係をもち，オスは同時に数羽のメスと関係をもつ場合（同時的一夫多妻）と次々に引き続いて別のメスと関係をもつ場合（順次的一夫多妻）がある．一夫多妻では子の世話をするのは一般的にメスである．一妻多夫は一夫多妻の逆である．1羽のメスが数羽のオスと同時的に関係する場合（同時的一妻多夫）と引き続いて別のオスと関係する場合（順次的一妻多夫）がある．一妻多夫では，子の世話のほとんどをオスが行う場合が多い．多夫多妻は一夫多妻と一妻多夫の混合で，複雄複雌群の中でオスもメスも多数回にわたり異なる個体と交尾をし，たいてい雌雄どちらも雛の世話をする．乱婚もオスとメスが多数回にわたり異なる個体と交尾するが，ペアの絆は稀薄で交尾後はメスが卵や雛の世話をする種がほとんどである．この分類は大雑把な分け方で固定したものではない．アカオオハシモズに見られる協同繁殖は，成熟した個体が遺伝的な親とともに子の養育を手伝う場合に用いられる[9]．協同繁殖はさらに一夫一妻を基本としたもの，一妻多夫を基本としたもの，多夫多妻を基本としたものなどがある．また，一夫一妻でもペアがなわばりをもって分散するタイプや多数のペアがコロニー繁殖し，その中の繁殖ペアとその子が協同繁殖するタイプもあり実に様々である[10]．

ここでは今回情報を集めることができた8種のオオハシモズがどの繁殖システムを採用しているのか，調査のエピソードを踏まえながら紹介したい．

1　ヘルメットオオハシモズ (HV)

ヘルメットオオハシモズは，体の大きさはハトより少し小さく，雌雄同色，黒い体に背中と尾羽が茶色で，体の大きさとは不釣り合いな淡青色の厚みのある大きな嘴をもつ (口絵III-1参照)．この鳥はマダガスカル北東部の熱帯雨林に生息し，その数は少ない．

1999年の10月から11月にかけて私と研究分担者であるマダガスカル人のHajanirina Rakotomananaさん (通称ハジャさん)，そして河野未央子さん (当時名古屋大学理学部の大学院生) の3人はマダガスカル北東部に位置するマスアラ半島のアンドロンベとアンバニザーナ (図9-1参照) でヘルメットオオハシモズの調査を行った．私にとっては比較社会のための最初の種であり，その期待は大きかった．しかし，河野さんがマルアンツェトゥラの飛行場に到着するなりマラリアにかかり足止めをくうなど，ここでの調査はいきなり波乱含みで始まることとなった．

マルアンツェトゥラから船で最初の調査地であるアンドロンベについた私たちはさっそくPeregrine Fund (ハヤブサ基金) の研究ステーションを訪問した．ここにはアメリカ人の鳥類研究者のRussell Thorstromさんがいる．

私の大学院博士課程の指導教官である山岸さんは，この前年の10月にアンドロンベに調査に来ており，Russellさんとは旧知の間柄にある．私たちは，まずRessellさんに今回の目的，すなわちヘルメットオオハシモズから微量の血液を採集することとヘルメットオオハシモズの生態調査およびクロオオハシモズの生態調査の趣旨を説明した．ヘルメットオオハシモズの採血は分子系統解析に使うためである．彼はまず1998年に山岸さんから依頼のあったクロオオハシモズの血液サンプルを収集したことを私たちに伝え，自分もヘルメットオオハシモズについては研究しており，ここでの調査は控えてもらいたいと言った．しかし，彼は採血には快く承諾してくれ，しかも自分の知っている抱卵期の巣まで同行してくれた．巣の近くに首尾良くかすみ網を張り個体を捕獲し，採血まではうまくいったのだが，なんと捕獲個体は体を測定中にハジャさんの手の中で死んでしまった．これには一同肩を落とし，何より巣まで教えていただいたRussellさんは気落ちして口も聞いてくれない状態だった．気を取り直した私は，死亡個体から精巣と胃を摘出し，ホルマリンで固定するのが精一杯だった．

翌日私たちはRussellさんに研究協力のお礼と大事な個体を殺してしまったお詫びを伝えたものの，アンドロンベに滞在することはいたたまれず，夜逃げ同然で第2の調査地アンバニザーナへと4時間をかけて徒歩で向かった．アンバニザーナではひとつの巣を発見することができたが，ここでの調査も最悪だった．巣までは私たちが宿泊した海岸沿いの宿から徒歩で2時間もかかる．私はマダガスカル渡航に先駆けること2か月前，北アルプス乗鞍岳でイワヒバリの調査中，溶岩の隙間に右足をつっこみ右膝の靭帯を損傷していた．完治していない右足を引きずりながら片道2時間，熱帯雨林の中の坂道をひたすら登るというハードな調査だった．やっと目的の場所に着くと今度は体中の汗を拭き，すぐカッパを着て，足にはスパッツをはかなくてはならない．マラリア蚊とヒルの攻撃を防ぐためである．地面に腰掛け8時間じっと巣を観察していると木の上から頭に落ちたヒルが耳の穴に入ってくる．体のまわりには蚊が群がってくる．こうした調査を二日間繰り返した．

私たちが得たデータは抱卵期にあたる2日間の雌雄分担のデータとアンドロンベで採集した（正確にいうと殺してしまった）オス1個体の精巣がすべてである．抱卵には2個体が関わっていた．巣から7メートル離れた場所から望遠鏡で覗くと，1個体は大きく，もう1個体はそれより小さい．チンバザザ動植物園にある標本の体測定値から大きな個体はオスであることが分かっているので私たちは大きな個体をオスと考えた．また，抱卵していた個体は，尾羽の先端の色彩でなんとか個体識別できた．一巣卵数は3卵（アンドロンベの巣の一巣卵数も3卵）で，抱卵はペアと考えられる雌雄が交互に行い，一回の抱卵時間はメス72.5分，オスが80.0分とほぼ同じ割合であること，その間，これら2個体以外の個体は巣の付近にまったく現れないことが分かった[11]．採集したオスの精巣は，帰国後日本歯科大学の千葉晃さんに分析していただいた．その結果，精巣は成熟状態にあるものの湿重量は体重（103 g）の0.28パーセントしかなく，体重比は極端に小さいことが分かった[11]．精巣重量は鳥類の繁殖システムを予測する重要な指標となる．一般的にメスが複数のオスと配偶する一妻多夫鳥，オスが複数のメスと配偶する一夫多妻鳥，ペア外交尾の危険性のある一夫一妻のコロニー繁殖種では精巣の体重比は大きく，各ペアがなわばりを所有し，空間的にスペースアウトして繁殖する一夫一妻種では小さい[12]．ヘルメットオオハシモズの精巣の体重比は一夫一妻種の中でもかなり小さく，両性が交互に抱卵することから私たちは本種を一夫一妻と考えた．アンドロンベではRussellさんたちがすでに書き終えたというヘルメットオオハシモズの論文をぱらぱらめくりながら，ヘルメットオオハシモズはペアがなわばりをもち，雌雄で抱卵，育雛をすると説明してくれた．

Russellさんたちの成果は，その後論文となり，ヘルメットオオハシモズは一夫一妻であることを支持するものだった[13]．

余談ではあるが，1999年のマダガスカル出国前，ハジャさんはアンドロンベの研究ステーションでは私とあなたはバードキーラー（殺人者ならぬ殺鳥者）として有名になっており，もう二度とステーションには行けないだろうと寂しく語ってくれた．

2　アカオオハシモズ（RV）

本書の主人公である．名前の通り背，翼，尾羽が赤茶色で，腹が白い．オスの成鳥は頭部から胸までが黒く，若鳥は喉から胸にかけて白地に黒い斑点がある．メスは喉や胸が白っぽく，背面の赤茶色がくすんで見える．大きさはムクドリより少し小さい（口絵III-1参照）．

ここではアカオオハシモズの繁殖生活についての詳細はもはや説明する必要はなかろうが，これまでの章で見たようにアカオオハシモズの繁殖システムは，一夫一妻のペアの制約を受けている協同繁殖である．鳥類のほとんどが一夫一妻の繁殖システムをもつため，一夫一妻の制約を受けている協同繁殖種は多く，アカオオハシモズの協同繁殖は鳥類の協同繁殖の中では一般的な協同繁殖といえる．

私が野外で最も印象に残っているアカオオハシモズの特徴は，彼らの音声コミュニケーションの複雑さである．あるときは最も近縁のヘルメットオオハシモズに非常に似た警戒声を発することもあるし，ポンポンと嘴をたたいて太鼓のような音を発することもある．この鳥にはさえずりに相当するものがあるのだろうかと疑ってしまう．

最近，J. Podos(2001)によるダーウィンフィンチの嘴の適応がさえずりを変化させ，交配前隔離の進化につながっているという論文がNatureに掲載された[14]．また，ダーウィンフィンチのさえずりに関する論文もここ数年立て続けに発表されている[14,15,16]．社会と音声コミュニケーションは切っても切れない関係にあると考えられる．複雑な社会をもつ種ほど複雑な音声コミュニケーションを発達させているのだろうか．ダーウィンフィンチに比べはるかに複雑な音声をもつオオハシモズ類のさえずりの種間比較は，分析に非常な労力がかかるかもしれないが社会を考察する上で価値ある研究のひとつと私は考えている．

3　シロガシラオオハシモズ (WHV)

シロガシラオオハシモズの雌雄は野外で容易に判別できる．オスは頭部から腹が白く，背，翼，尾羽が黒い．一方，メスは頭部から腹が灰色っぽい色彩をもつ (口絵III-1 参照)．大きさはムクドリ程度で前述したように幅広い環境に生息する．

ヘルメットオオハシモズに続く比較社会の次のターゲットは，シロガシラオオハシモズだった．調査地を熱帯降雨林から西部乾燥林のアンピジュルアに移した私は，両地の調査環境の違いに愕然とした．何より坂がない．毎日2時間かけて急斜面を登り，1時間半かけて下る熱帯雨林の調査地に比べてなんと平坦な環境なことか．しかもしっかりした地図が作られており，食事も自分たちでつくる必要がない．シロガシラオオハシモズはアンピジュルアの林内というよりむしろ村の周辺，林縁に多数生息しており，サンダル履きのまま調査をすることができた．

シロガシラオオハシモズのなわばりははっきりしており，巣の近くにかすみ網を張り，録音された同種のオスのさえずりを再生すると，オスはなわばりを防衛しようと一直線に網に飛び込んでくる．メスはオスに比べてすぐ網に飛び込むことはないが，さえずりを何度か再生するうちに捕獲できる場合もあった．捕獲した鳥はヘルメットオオハシモズと同様に翼下静脈から少量の血液を採集し，足輪をつけて放鳥する．シロガシラオオハシモズでは血液は分子系統の解析のためだけでなく親子判定，性判定の材料にも用いる．足輪によって個体識別できなかった個体は体羽の色の微妙な違いで個体識別した．そして後は朝の5時から11時までの6時間，巣から10 m ほど離れた場所から望遠鏡や双眼鏡を使ってひたすら個体の行動を観察する．ヘルメットオオハシモズの場合は，巣が熱帯雨林の中にあるので比較的涼しく，夕方まで調査できた．しかし，アンピジュルアでは午後の日差しが強く，とにかく暑くて仕事にならないので午後は体を休めることにあてた．体力を温存しておかないとマラリアにかかってしまうからだ．とにかく6時間地面に座りっぱなしのまま巣にどちらの性が訪れ，そこで何をしたのか，いつきたのか，巣のまわりで何をしたのか，といった情報を記載する．こうした観察方法は，私の大学時代の恩師である信州大学名誉教授の故羽田健三先生が日本で繁殖する様々な野鳥の繁殖生活史の解明に用いた方法である．

私にはアカオオハシモズのように何年もかけて個体識別されている個体群がない．個体識別された個体群では個体の出生や繁殖の歴史といった繁殖システムに関する基礎資料がすべて整っている．私の場合は，原始的な方法ではあるが，それぞれの種の繁殖パターンを忍耐強く，すべての先入観を捨ててとことん観察するしかない．しかし，こうした手法は野外生物学の基本であると私は考えている．

1999年に4巣を発見し，5個体を足輪により標識，3個体を体色で識別し，造巣から育雛期までの雌雄分担を調査した私は，シロガシラオオハシモズは典型的な一夫一妻種と考えた．その理由は，造巣期に雌雄はほぼ同じ割合で巣材を運搬し，抱卵・抱雛とも雌雄が行い，育雛期にもやはり雌雄が協同して雛に給餌をしていたからである（図9-4）．また，オスは明確ななわばりをも

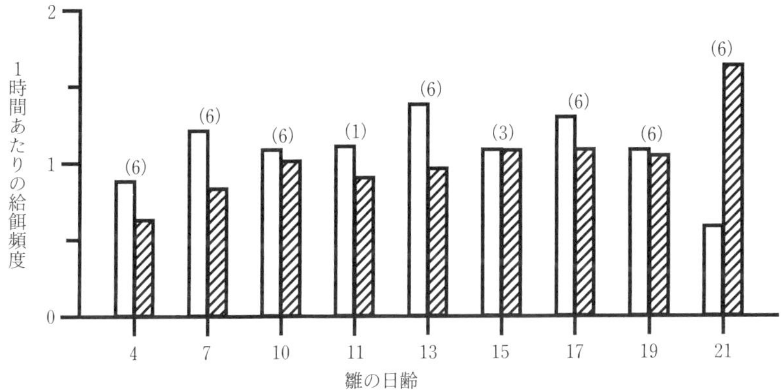

図 9-4　シロガシラオオハシモズの雌雄の給餌分担（白抜きの棒グラフはオス，斜線の入った棒グラフはメス．カッコ内の数字は観察時間．Nakamura et al. 2001[17] を改変）

ち，なわばりの中でペアメスと交尾をしていた．これらの結果はシロガシラオオハシモズの繁殖システムを一夫一妻と考えてまったく問題のないものであった．1999 年度の調査を終えて帰国した私は，早速この内容をまとめて，ある雑誌に投稿し，めでたく受理された．ところがシロガシラオオハシモズの繁殖システムはそうは単純ではなかったのである．

1999 年の調査は，私一人が従事した．一人の場合，調査効率はどうしても低くなる．そこで 2000 年の調査には最低一人の調査協力者をマダガスカルに連れていく必要があった．白羽の矢が立ったのは私とともに乗鞍岳で長年イワトバリの調査を行ってきた私の学生，修士一年の岡宮隆吉さんであった．忘れもしない 2000 年 11 月 6 日，私と岡宮さんはシロガシラオオハシモズのきれいな写真を撮影するため抱卵期にあたるひとつの巣を訪れた．シロガシラオオハシモズは完璧な一夫一妻云々と岡宮さんに説明しながらカメラをセットした私は，抱卵を終え巣から出たペアメスがメスのような色彩をした

2個体と営巣木で一緒に何やらしているのをファインダー越しに見た．よく見るとペアメスはメスのような色彩をした1個体と相互羽づくろいをしている．ペアメスはその個体と羽づくろいをした後，今度はやはりメスの色彩をしたもう1個体とも羽づくろいをし，それが終わると3羽で営巣木から他の木へと飛んでいった．何かの見間違いと思い，さらに観察を進めると今度は抱卵を終えたオスが，営巣木の上の方へ枝づたいに登り，そこでもメスと色彩のよく似た2個体と代わる代わる相互羽づくろいしているではないか．ペアメスは先ほどオスと抱卵を交代して巣の中にいるのでメスと色彩のよく似た個体はペアメスでないことは分かっている．この個体たちはいったい何者なのか．

その後の調査で9ペア中2ペアにおいてメスに似た色彩の個体がいることが分かり，1ペアは2個体，もうひとつのペアでは1個体のヘルパーを確認した．これらの個体はペアとともになわばりを防衛したり，巣に接近する動物に対しペアとともにモビングするが，抱卵，抱雛および雛への給餌を手伝うことはない[17]．特に巣に接近する動物（例えばアフリカバンケン *Centropus toulon*，カンムリジカッコウ *Coua cristata*，ブラウンキツネザル *Eulemur fulvus* など）に対するモビングはペアメスより積極的で，ペアメスはもっぱら巣の中にいてモビングは繁殖オスとヘルパーに任せていた．巣の近くにかすみ網を張り，オスのさえずりを再生したときも，ペアオスとヘルパーは真っ先に反応した．3個体のヘルパーのうち1個体を捕獲し，足輪によって個体識別するとともに採血も行った．その結果，ヘルパーは大雨覆が換羽しており，若齢個体であることが分かった[17]．ヘルパーがどちらの性かは非常に重要な問題である．鳥類の場合，ヘルパーの多くはオスで若齢個体であることが多い．採血した血液をもとにCHD遺伝子による性判定を国立科学博物館の西海功さんにお願いした結果，ヘルパーはオスであることが分かった．

マダガスカルから帰国した私は，シロガシラオオハシモズの繁殖システムは一夫一妻と自信たっぷりに断じた先の論文を引っ込め，シラガシラオオハシモズの繁殖システムは一夫一妻を基本とし，ペアとともになわばり防衛や捕食者攻撃をするが，雛への給餌には参加しない未成熟オス個体を伴う協同繁殖のひとつのタイプとする論文に書き直した．

すでに何回も繰り返したことだが，アカオオハシモズには繁殖ペア以外に，1個体以上のオスがなわばり内に存在し，これらのヘルパーの一部はペアの繁殖を手伝う．ヘルパーの大部分は繁殖ペアの息子であり，1年目の息子は繁殖能力をもたない．息子たちはなわばり防衛，捕食者攻撃，雛への給餌などで繁殖ペアの手伝いをする．息子の貢献度は個体差が大きく，貢献度の高い個体がいる一方で，まったく手伝い行動が見られない個体も存在する．シロガシラオオハシモズのヘルパーは換羽していた．換羽中の個体は性ホルモンの分泌が活発でなく，繁殖できないのが普通である[18]．それ故，繁殖能力はもっていないと考えられる．残念ながらシロガシラオオハシモズの未成熟オス個体は繁殖ペアの子どもかどうかはサンプル数が少ないために不明である．しかし，未成熟オス個体はどの巣でも繁殖ペアと頻繁に相互羽づくろいを行っているので，何らかの血縁関係があっても不思議ではない．

4　シロノドオオハシモズ (VDV)

シロノドオオハシモズ（口絵Ⅰ-10）は，ずんぐりした体型で大きさはムクドリより大きく，嘴は太くて黒い．オスは頭部が額まで黒く，メスは目より上の頭部が黒いため野外で容易に雌雄判別ができる（口絵Ⅲ-1参照）．オオハシモズ類の中で最も個体数が少なく分布も限られている．ただ一か所，島の北西部のみ生息が知られている．実は島の北西部とはアンピジュルアなのである．

シロノドオオハシモズの調査は，アカオオハシモズの調査が行われているアンピジュルアにおいて水田拓さんに担当してもらった．シロノドオオハシモズはシラガシラオオハシモズのようにオスのさえずりを再生することによって簡単に捕獲できると考えた．しかし，再生機の近くまではくるが，なかなかかすみ網に飛び込んでくれず，結局足輪による個体識別はできなかった．しかし，顔まわりの色彩の微妙な個体変異によって個体を識別し，雌雄の役割分担の調査を行った．

アンピジュルアの中にはジャルダンAと呼ばれる調査区がある（第2章参照）．ジャルダンAにおいて声だけを確認した1ペアを含む6ペアのシロノドオオハシモズを確認した．生息密度はアカオオハシモズに比べ極端に低い．そのため各ペアの行動圏は互いに接しておらず，ペア間の干渉は観察されていない．巣を発見した3ペアについて，造巣，抱卵，育雛行動を観察したが，いずれの行動も雌雄が分担して行い（抱卵分担は図9-5参照），繁殖活動を手伝うヘルパーは観察されなかった[19]．ペアは分散した行動圏をもち，雌雄2個体

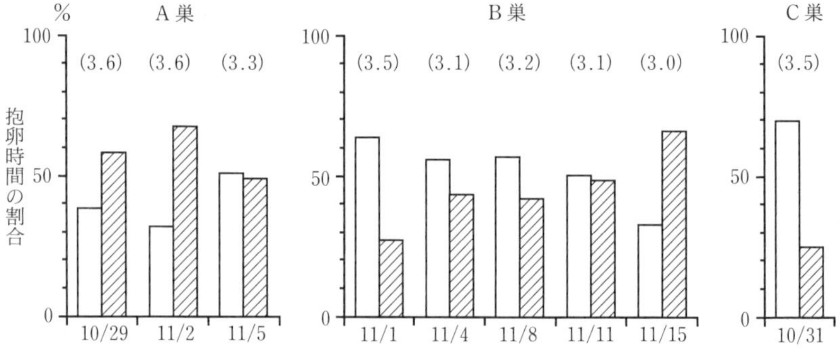

図9-5　シロノドオオハシモズの雌雄の抱卵分担（縦軸は総観察時間の中で雌雄が閉める抱卵時間の割合．白抜きの棒グラフはオス，斜線の入った棒グラフはメス．カッコ内の数字は観察時間．Mizuta et al. 2001[19] を改変）

が卵や雛の世話を行うことから，シロノドオオハシモズの繁殖システムは一夫一妻と私たちは考えた．

5　ハシナガオオハシモズ(SBV)

体の大きさはオオハシモズ類の中で最大を誇り，シギの嘴のように大きく下に曲がった長い灰色の嘴が特徴．この嘴の形態は，ヘルメットオオハシモズの太くて大きな嘴とは対局に位置する（口絵III-1参照）．騒がしい鳥で「ガーガーガー」と大きな声で鳴く一方，カラスともネコともいえない声で「クゥワー，クゥワー」と大きな声でも鳴く．この鳥はマダガスカル語でVoronjaza（ヴルンザザ）と呼ばれている．これは「子どもの鳥」という意味である．この鳥が子どもの泣くような「クゥワー，クゥワー」という声を出すことからつけられた名前であるらしい．．

調査初年度の1999年にはシロガシラオオハシモズの巣を4巣見つけることができたのに対し，ハシナガオオハシモズの巣はわずか2巣しか発見できなかった．しかし，幸いなことにこれら2巣の繁殖に関わっていた計7個体のうち2個体は江口和洋さんたちが1996年に足輪によって標識した個体で，それ以外の個体も体羽の模様で容易に個体識別できたので，精度の高い調査ができた．初めてこの鳥を観察したとき，すべてが驚きだった．まず，驚いたのは観察した2巣とも1羽のメスに対し複数のヘルパーがいたことである．最初に発見した巣は造巣から巣立ちまで調査でき，残り1巣は何らかの理由で孵化直前に巣を放棄した．巣立ちまで調査できた巣では1羽のメスと3羽のオスが繁殖に関わり，繁殖に失敗した巣では2羽のオスが繁殖に関係していた．繁殖に関わる個体はヘルパーではない．なぜならメスとこれらのオスとの間には交尾関係があったからである．

ハシナガオオハシモズの求愛行動はとても変わっている．鳥類ではオスがメスに対して求愛ディスプレイをするのが普通である．しかし，ハシナガオオハシモズではこの関係が逆転しており，メスがオスに対して求愛する．メスはオスを発見するとオスに近寄り，体を水平にし，両翼と尾羽を小刻みに揺らして求愛する．この間，オスはこれといった求愛行動をメスに対して行うことはない．さらに変わっているのは交尾期間である．求愛行動は一般の鳥では造巣から産卵期までの一時期，すなわち卵受精期にしか観察されないが，ハシナガオオハシモズの場合，造巣期や産卵期はもちろん，なんと抱卵期から育雛中期まで継続されるのだ[20]．また，交尾も求愛行動と同様，育雛中期まで継続される．

1999年の調査でハシナガオオハシモズの繁殖システムにだいたいの見当をつけていた私は，2000年にはより多くの例数を集めるため，岡宮さんとともにハシナガオオハシモズの調査に集中した．その結果，ハシナガオオハシモズは一夫一妻を繁殖単位とするものと一妻多夫を繁殖単位にするものがあり，私たちが調査した計7巣のうち一夫一妻が3巣，一妻多夫が4巣（一妻二夫が3巣，一妻三夫が1巣）であることが分かった[20]．また，オスの間には順位があり，順位の高いオス（αオス）は抱卵前の約1週間，メスに連れ添ってメスとの交尾を独占する．しかし，抱卵期以降のメスの求愛相手はもっぱら劣位のβオスやγオスとなる．各オスには頻度の差こそあれ抱卵活動を繁殖メスとともに行い（図9-6），育雛活動はαオスよりむしろ劣位のオスたちの方がより積極的に貢献した（図9-7）．

ハシナガオオハシモズの繁殖システムは明らかにアカオオハシモズとは異なる．ハシナガオオハシモズの場合，ヘルパーはすべて繁殖オスである．なぜならメスはそれぞれのオスと交尾をしているからである．2羽以上のオスが1羽のメスと配偶し，すべてのオスが雛を育てるのを手伝う繁殖システムは協同一妻多夫と呼ばれている．現在までに協同一妻多夫の鳥はわずか9種

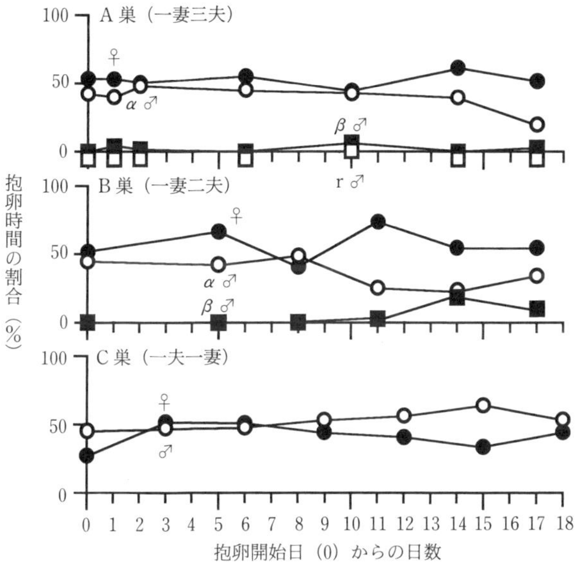

図9-6　ハシナガオオハシモズの雌雄の抱卵分担
(Nakamura et al. 2001[20] を改変)

が知られているだけであり，そのすべての種でオスは雛への給餌貢献しかしない[22]．しかし，ハシナガオオハシモズのオスは造巣，抱卵，抱雛そして育雛まで手伝う．この点で今まで知られている協同一妻多夫のタイプとは明らかに異なる．

6　カギハシオオハシモズ（HBV）

体の大きさはヒヨドリよりも大きく，日本のモズのように先端がカギ状に曲がった頑丈な嘴をもつ．雌雄同色で，頭部から下面は白いが，目から後頭部にかけて黒い（口絵III-1，図8-1参照）．「ヒー･ヒー」とトラツグミのような

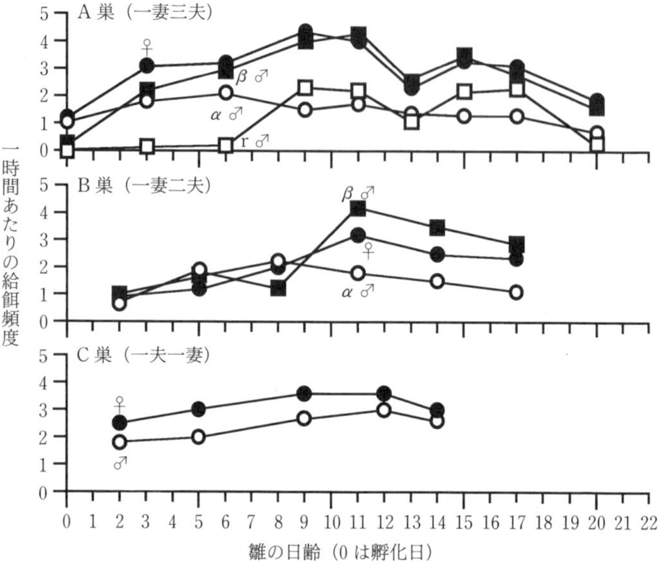

図9-7　ハシナガオオハシモズの雌雄の育雛分担（Nakamura et al. 2001[20]を改変）

声を出す．

カギハシオオハシモズの調査はハジャさんに担当してもらった．カギハシオオハシモズの巣はアンバニザーナの熱帯降雨林の中で1巣，西部乾燥地帯のアンピジュルアで4巣を発見した．カギハシオオハシモズは雌雄同色で野外での個体識別は難しい．しかし，中には嘴の先端がカギ状になっていない個体やもともと黒い初列風切羽の一部が白くなっている個体もいたので足輪をつけて個体識別することはできなかったが，これらの体の一部の色彩や形態の変異から個体を識別することができた．ただし，性を判別することはできなかった．

アンバニザーナではヘルメットオオハシモズの調査も行い，また調査期間が限定されていたため，抱卵中の巣を3日間しか調査できなかった．アンピジュルアでは造巣から育雛期まで継続的に調査できた巣が1巣のみ，造巣から抱卵期までが1巣，抱卵期だけが1巣，育雛期だけが1巣と断片的な情報ではあるが，それらを総括すると造巣，抱卵，育雛ともペアと推定される2個体がほぼ同じ割合で分担して行い（育雛分担は図9-8を参照），繁殖活動を手伝うヘルパー個体はいずれの巣でも観察されなかった[21]．

一巣卵数が確認できたのはアンバニザーナの巣だけである．アンバニザーナの巣は他の巣と同様，地上から10メートルの高さにあった．この高さだと私たちではどうにもならないので村人の中で屈強な体をした若者一人に頼んで巣の中を確認してもらうことにした．その代金として彼には米を与えるこ

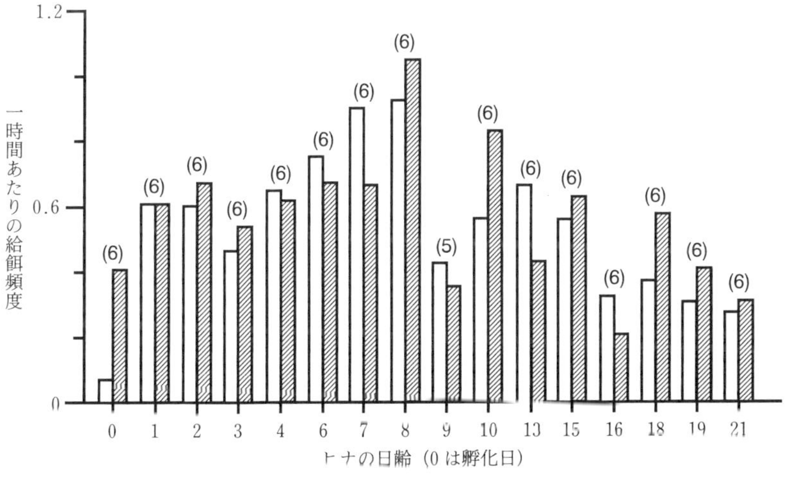

図9-8　カギハシオオハシモズの雌雄の育雛分担（白抜きの棒グラフはオス，斜線の入った棒グラフはメス．カッコ内の数字は観察時間．Rakotomananaet al. 2001[21] を改変）

とにした (マダガスカル人の主食は米). 彼は営巣木に直接登ることはあきらめ, その木から 5 メートルほど離れた登りやすい木にサルのようにするすると登り, その木にはりついているツル性の植物をロープ代わりにして振り子の重りのように体をふって巣の中を見るというとんでもない芸当を私たちの目の前で繰り広げてくれた. 若者は一回の振り子では巣の中をなかなか見ることができず, 5 回ほど繰り返して, 巣の中の卵の数, 卵の色を確認した. その結果, 一巣卵数は 3 卵ということだった. 私には信じられない光景だった. ハジャさんはたっぷり米を食べたマダガスカル人には不可能はないと断言した.

一般的に一夫一妻の種の雌雄は体の大きさに顕著な差はなく, オスの体羽や形態には顕著な性的二型は認められない[22]. 標本および採集された死体の外部形態測定値を雌雄で比較したが明確な違いは認められなかった. また, 2 個体が繁殖活動を分担して行うことから本種は一夫一妻と私たちは考えた.

7　クロオオハシモズ (BV)

実はクロオオハシモズを私は見たことがない. この鳥は熱帯降雨林の限られた地域にしか生息しておらず, 数も少ない. そのため, オスの写真は未だ撮影されておらず, 繁殖生活史についての情報もほとんどない. 大きさはヘルメットオオハシモズより小さく, シロノドオオハシモズと同じくらい. オスは名前の通り, カラスのように全身黒いが (口絵III-1 参照), メスはオスとうって変わって全身が茶色で腹部に黒い横縞が入っている.

ヘルメットモズの調査でお世話になった Russell さんはアンドロンベのステーションでクロオオハシモズの血液を提供してくれ, さらにクロオオハシモズの書きかけの論文を見せてくれた. 彼は地上 14 メートルの高さにあるクロオオハシモズの巣に登り, 苦労して採血したこと, ほとんど書き上げたという論文をぺらぺらめくりながらクロオオハシモズは雌雄で抱卵を行うことからおそらく一夫一妻だろうと説明してくれた．ところが，最近発表された彼の論文の中では観察した4巣のうち1巣でペアオス以外の若いオスがメスと交尾をしたり，抱卵を手伝うことが報告されている[23]．若いオスはメスと交尾しているため，ヘルパーというよりペアオスで，クロオオハシモズの繁殖システムはハシナガオオハシと同様，協同一妻多夫の可能性が大きい．

8　チェバートオオハシモズ（CV）

スズメよりも小さく，サンコウチョウのように目のまわりの皮膚が露出し青い色をしているチェバートオオハシモズは，一見ヒタキ類のように見えるが嘴に厚みがある（口絵III-1参照）．オオハシモズ類の中では小型の部類に入る．

オオハシモズ類の巣の形態，一巣卵数など基本的な繁殖生活史を記載したO. Appert（1970）は，チェバートオオハシモズでペア以外の個体による抱卵中のオスへの給餌があることを報告している[24]．これがアカオオハシモズの研究が始まる前のオオハシモズ類におけるヘルパーの存在を示唆する唯一の報告だった．

実際のところチェバートオオハシモズの繁殖システムはよく分かっていない．これは樹冠部の枝先で活発に採餌し，巣も木のかなり高いところにあり，滅多に林の下層に下りてこないため捕獲が難しく個体識別ができないためと，雌雄は同色で野外ではオスとメスの区別が付かないためである．Appertはヘルパーをメスと推定しているが，私には雌雄の区別はまったくつかなかった．雌雄の区別が難しいだけではなく，動きが速過ぎて観察するのも困難である．私は足輪をつけても野外での個体識別はかなり難しいと考えている．

しかし，断片的な情報ならいくつかある．私は育雛期の巣で3個体の成鳥が雛に入れ替わり餌を運ぶのを観察しているし，別の巣で巣立ちビナ1羽にやはり3個体の成鳥が給餌しているのを観察している．同様に1999年の調査で同行した長谷川雅美さん（東邦大学）や山岸さんも育雛期の巣に複数個体が餌を運ぶのを観察している．複数の観察者が複数個体の繁殖関与を観察しているので，チェバートオオハシモズは協同繁殖であることは間違いない．しかし，造巣から育雛にかけてヘルパーがどのように関与するのか，雌雄のどちらがヘルパーになるのかなど細かな点は依然として不明である．また，ヘルパーはハシナガオオハシモズのように実際に交尾もしているオスなのかもしれない．とにかく捕獲して足輪やペイントなどで個体識別し，さらに採血した血液によって性判定を試み，ねばり強い野外観察を行わなければチェバートオオハシモズの協同繁殖のパターンは分からないだろう．

9.5　繁殖システムの多様性と系統との関係

かつてオオハシモズ類は形態面や，採餌行動面では分化を遂げているが，社会構造面では種間の違いが小さいと考えられていた．オオハシモズ類は森林内で同所的に種分化を起こし，森林以外のハビタットには進出しなかった[24]．そのため，江口さんは構造的にいくらか変異のあるハビタットではあっても，環境の変異の幅としてはそれほど大きくはなく，食性の幅も比較的小さく，社会構造に大きな変異を生み出すには至らなかったと考えた[4]．もっとも1995年の段階ではオオハシモズ類の動物社会学的研究が行われていたのはアカオオハシモズだけだったことを考えるとこう考えても無理はない．

すべての種の繁殖システムが分かっていない現在，結論を急ぐのは早計だが，オオハシモズ類の繁殖システムは一様ではないことは明らかである．オオハシモズ類は一夫一妻を基本としながらも，いくつかの協同繁殖のバリエーションをもち，繁殖システムの多様性は大きい．シロガシラオオハシモズは換羽中の未成熟オス個体が，なわばり防衛，天敵に対するモビングなどで繁殖に貢献する協同繁殖種である．前述したように換羽中の個体は性ホルモンの分泌が不活発で，繁殖できないのが普通である．シロガシラオオハシモズのヘルパーは換羽中のため給餌などの繁殖活動には参加できないが，ペアとは相互羽づくろいを通して緊密な社会関係にある．アカオオハシモズのヘルパーには大雨覆が換羽している個体はいない．シロガシラオオハシモズの協同繁殖はアカオオハシモズの協同繁殖の一歩手前の段階で，翼が完全換羽したオス個体がペアの繁殖活動（雛への給餌）に参加するようになったタイプが，アカオオハシモズの協同繁殖のタイプかもしれない．浅井芝樹さんや山岸さんはアンピジュルアにおいて，完全に換羽していない個体が繁殖ペアと一緒にいるルリイロオオハシモズを観察している．ルリイロオオハシモズもシロガシラオオハシモズと同じ繁殖システムをもっているのかもしれない．ハシナガオオハシモズやクロオオハシモズは１羽のメスと複数のオスからなる単雌複雄群をもつ．アカオオハシモズも単雌複雄群だが，ハシナガオオハシモズやクロオオハシモズの場合は複数のオスは１羽のメスと交尾関係にあるためオスはヘルパーではなく繁殖オスであり，繁殖システムは協同一妻多夫である．チェバートオオハシモズも協同繁殖であることは間違いない．

協同繁殖はオオハシモズ類の系統の中の特定の分類群に集中しているのだろうか．例えばヘルメットオオハシモズは一夫一妻なのに最も近縁のアカオオハシモズは協同繁殖種である（図 9-3）．その一方で，系統が比較的よくまとまっているクロオオハシモズ，シロノドオオハシモズ，シロガシラオオハシモズの中ではシロノドオオハシモズ以外は協同繁殖種である（図 9-3）．現時点では系統の束縛がどの程度あるのかよくわからないといえる．

適応放散で有名な鳥類はなんといってもガラパゴス諸島に生息するダーウィンフィンチ類である．A. Satoらはダーウィンフィンチ13種と中南米に分布するフィンチに似た何種もの小鳥類からミトコンドリアDNAを得て塩基配列を比較検討した．その結果，ダーウィンフィンチ類は，ダーウィンが考えた通り1種の祖先種（中南米に広く生息するクビワスズメ属 *Tiaris* に非常に近縁なもの）に由来する単系統であることが分かった[25]．祖先種は200万年以上前（オオハシモズ類の方が古い）に大陸からガラパゴス諸島に飛来したものと考えられている．

ダーウィンフィンチ類はオオハシモズ類と同様，嘴の形状が種ごとに違っており，その違いは食習性の違いと結びついている．数年に一度訪れるエルニーニョの影響で旱ばつが起こり，それによって嘴の大きさが変化すること，旱ばつの後メスの死亡率が高まりオスに性比が偏ることが知られている[26]．ダーウィンフィンチ類の繁殖システムは基本的には一夫一妻であるが，極端に性比が偏る場合，繁殖システムは一夫多妻となる．しかし，こうした突発的な異常気象が生じない限りダーウィンフィンチ類は一夫一妻である（もっともすべての種で繁殖システムが分かっているわけではないが）．さて，オオハシモズ類は今回の調査だけでもアカオオハシモズ，シロガシラオオハシモズ，ハシナガオオハシモズ，クロオオハシモズとチェバートオオハシモズで協同繁殖であることが分かった．それ故，オオハシモズ類の方がダーウィンフィンチ類よりもはるかに繁殖システムにおいて多様性がある．なぜ多様な繁殖システムがオオハシモズ類に認められるかが問題であるが，これについても現時点ではよく分からない．

9.6　繁殖システムと環境

では，環境と繁殖システムはどのような関係にあるのだろう．再び図 9-3 に繁殖システムの情報を加えてみる．アンピジュルアという落葉広葉樹林に生息するアカオオハシモズは協同繁殖する一方，最も近縁のヘルメットオオハシモズは熱帯雨林だけに生息し，繁殖システムは一夫一妻である（図 9-3）．同様に熱帯雨林に生息するカギハシオオハシモズは一夫一妻である．この系統図には載っていないが，熱帯雨林に生息するクロノドオオハシモズも一夫一妻らしい[27]．熱帯雨林に生息するクロオオハシモズは協同一妻多夫の可能性が高いが，乾燥した有刺林や落葉広葉樹林に生息するハシナガオオハシモズは協同一妻多夫，すべての環境に生息し落葉広葉樹林で繁殖するシロガシラオオハシモズは協同繁殖である（図 9-3）．同様にチェバートオオハシモズも協同繁殖種である．このように系統というより，むしろそれぞれの種が繁殖する環境が繁殖システムに強く影響している可能性が高い．この仮説に従えば，熱帯雨林に生息するアカオオハシモズは協同繁殖ではなく，一夫一妻の繁殖システムを採用しているはずである．また，すべての環境に生息するチェバートオオハシモズ，シラガシラオオハシモズも，熱帯雨林では一夫一妻の繁殖システムを採用しているはずである．

環境は具体的にどのように繁殖システムを規定しているのであろう．私はオオハシモズ類の比較社会の第一段階として，とりあえずそれぞれの種の一般的な繁殖システムを調べ，それを環境と結びつけようと考えた．しかし，このアプローチにはそれぞれの種の生活史形態や環境が繁殖システムを規定するメカニズムの問題は含まれていない．この問題は次のステップとしていつも頭の中に留めておかなくてはならないと考えている．

9.7　まとめ

今回の調査で私に与えられた時間はわずか2年，観察期間は正味6か月だった．この間，できるだけ多くの種類のオオハシモズを観察し，様々な情報収集に努めた．残念ながら本章で扱えたのは15種のオオハシモズのうち8種だけであった．分子系統によってオオハシモズ類に位置づけられたニュートンヒタキを含むすべての種の繁殖システムを調べたとき，そしてその非繁殖期の存在形態が明らかになったとき，今回の試論の正否が確かめられる．社会には繁殖期の社会だけでなく非繁殖期の社会もある．今回触れなかったが，ハシナガオオハシモズは非繁殖期に20～30羽の大きな群れを作り，夜間には大木に50個体以上が集まり集団ねぐらを形成する．この種の非繁殖期の社会は江口さんたちによって，すでに報告されている[28]．このねぐらには協同繁殖するチェバートオオハシモズやシロガシラオオハシモズも加わるが，アカオオハシモズは加わらない．多くの鳥類では非繁殖期の社会が繁殖期の社会を決定づけている．とりあえずすべての種で繁殖システムを決定し，その後，非繁殖期の社会を見つめ直すとオオハシモズ類全体の社会の中におけるアカオオハシモズの社会はより鮮明に浮き出てくるはずである．やらなくてはならないことは山積みである．

マダガスカルでオオハシモズを観察する度に，もしダーウィンがビーグル号でガラパゴス諸島ではなくマダガスカル島を訪れ，オオハシモズ類を観察していたなら，どういう発想で進化を考えただろうと想いをめぐらせる．ビーグル号はモーリシャスからケープタウンへと航海したが，残念ながら船先をマダガスカルに向けることはなかった．形態変異，同所的種分化，適応放散，さらに社会の多様性に対し，彼ならどういう発想をもち，その答えを出したのか．もしかしたらまったく違った発想で進化を考えたのかもしれない．進化の実験室，マダガスカルへの私の調査は後数年，あるいは十数年続きそうである．

引用文献

1）Crook, J. H. (1964) The evolution of social organization and visual communication in the weaver birds (Ploceinae). Behaviour Supplement 10: 1-178.

2）Yamagishi S., Honda, M., Eguchi, K. and Thorstrom, R. (2001) Extreme endemic radiation of the Malagasy vangas (Aves: Passeriformes). J. Mol. Evol. 53: 39-46.

3）Stacey, P. B. and Koening, W. D. (1990) Introduction. In Cooperative Breeding in Birds (eds. Stacey, P. B. and Koening, W. D.), pp. 9-18. Cambridge University Press, Cambridge.

4）江口和洋 (1995) マダガスカル島における鳥類の群集構造と適応放散．日本生態学会誌 45：259-275.

5）Sussman, R. W., Richard, A. F. and Ravelojaona, G. (1985) Madagascar: Current Projects and Problems in Conservation. Primate Conservation, pp. 53-59.

6）Langrand, O. (1990) Guide to the Birds of Madagascar. Yale University Press, New Haven.

7）Appert, O. (1968) La repartition geographique des Vangides dans la region du Mangoky et al question de leur presence aux differntes epoques de l'annee. L'Oiseau et la Revue Française D'Ornithologie 38: 6-19.

8) Yamagishi, S. and Eguchi, K. (1996) Comparative foraging ecology of Madagascar vangids (Vangidae). Ibis 138: 283-290.

9) Emlen, S. T. (1991) Evolution of cooperative breeding it birds and mammals. In Behavioural Ecology (eds. Krebs, J. R. and Davies, N. B.), pp. 301-337. Blackwell Scientific Publications, Oxford.

10) Brown, J. L. (1987) Helping and Communal Breeding in Birds: Ecology and Evolution. Princeton University Press, Princeton.

11) Rakotomanana, H., Nakamura, M., Yamagishi, S. and Chiba, A. (2000) Incubation Ecology of Helmet Vangas *Euryceros prevostii*, which are endemic to Madagascar. J. Yamashina Inst. Ornithol. 32: 68-72.

12) Møller, A. P. (1991) Sperm competition, sperm depletion, parental care and relative testis size in birds. Am. Nat. 137: 882-906.

13) Marca, G. L. and Thorstrom, R. (2000) Breeding biology, diet and vocalization of the Helmet Vanga, *Euryceros prevostii*, on the Masoala Peninsula, Madagascar. Ostrich 71: 400-403.

14) Podos, J. (2001) Correlated evolution of morphology and vocal signal structure in Darwin's finches. Nature 409: 185-188.

15) Grant, P. R., Grant, B. R. and Petren, K. (2000) Vocalizations of Darwin's finch relatives. Ibis 142: 680-682.

16) Ryan, M. J (2001) Food, song and speciation. Nature 409: 139-140.

17) Nakamura, M., Yamagish, S. and Nishiumi, I. (2001) Cooperative breeding of the white-headed vanga *Leptopterus viridis*, an endemic species in Madagascar. J. Yamashina Inst. Ornithol. 33: 1-14.

18) Payne, R. B. (1972) Mechanism and control of molt. In Avian Biology, Vol. 2. (eds. Farner, D. S. and King, J. R.). pp. 104-155. Academic Press, London.

19) Mizuta, T., Nakamura, M. and Yamagishi, S. (2001) Breeding ecology of Van Dam's Vanga *Xenopirostris damii*, an endemic species in Madagascar. J. Yamashina Inst. Ornithol. 33: 15-24.

20) Nakamura, M., Yamagishi, S. and Okamiya, T. (2001) Breeding ecology of the Sickle-billed Vanga *Falculea palliata*, which is endemic to Madagascar. IN Ecological Radiation of Madagascan Endemic Vertebrates (eds.

Yamagishi, S. and Mori, A.). pp. 48-52. Kyoto University.
21) Rakotomanana, H., Nakamura, M. and Yamagishi, S. (2001) Breeding ecology of the endemic Hook-billed Vanga *Vanga curvirostris* in Madagascar. J. Yamashina Inst. Ornithol. 33: 25-35
22) Ligon, J. D. (1999) The Evolution of Avian Breeding Systems. Oxford University Press, Oxford.
23) Thorstrom, R. and de Roland, Lily-Arison R. (2001) First nest descrip tions, nesting biology and food habits for Bernier's Vanga, *Oriolia bernieri*, in Madagascar. Ostrich 72: 165-168.
24) Appert, O. (1970) Zur Biologie der Vangawürger (Vangidae) Südwest-Madagaskars. Ornithol. Beob. 67: 101-133.
25) Sato, A., O'hUigin, C., Figueroa, F., Grant, P. R., Grant, B. R., Tichy, H. and Klein, J. (1999) Phylogeney of Darwin's finches as revealed by mtDNA sequences. Proc Natl Acad Sci USA 96: 5101-5106.
26) Grant, P. R. (1999) Ecology and Evolution of Darwin's Finches (2nd edn). Princeton University Press, Princeton.
27) Putnam, M. S. (1996) Aspects of the breeding biology of Pollen's Vanga (*Xenopirostris polleni*) in southeastern Madagascar. Auk 113: 233-236.
28) Eguchi, K., Amano, H. E. and Ymagishi, S. (2001) Roosting, range use and foraging behaiviour of the Sickle-billed Vanga, *Falculea Palliata*, in Madagascar. Ostrich 72: 127-133.

協同繁殖はどのように進化してきたか

The evolution of cooperative breeding

浅井芝樹・山岸　哲 *Shigeki Asai, Satoshi Yamagishi*

ここまでアカオオハシモズの社会について，様々な角度からその特徴について見てきた．協同繁殖は多くの鳥で見つかっており，もはや目新しい社会形態ではないが，鳥類全体で見れば3パーセントの種でしか存在しない．そのような少数派の社会形態であるにもかかわらず，協同繁殖鳥の研究は数多い．というのは，「ヘルパー」というものの存在が進化学的な意味でのパラドックスであると考えられたためである．それらの研究のいくつかは特に長期にわたって詳細に行われた．その結果，鳥類の協同繁殖が現在「どのような」社会なのかということが詳細に知られるようになった．しかし，協同繁殖社会がどのような経過をたどって進化してきて，現在のような姿になったのかは謎のままである．この章では，協同繁殖の進化をどのように考えたらよいのかアカオオハシモズの例を引用しながら紹介し，本書のまとめに代えたい．

10.1　協同繁殖の利益

協同繁殖とは，一つの巣の雛に対して，繁殖ペア以外の個体が両親と同様の振る舞いをするような繁殖システムを言うわけだが，多くの場合，繁殖ペアの手伝いをしている個体は生まれたなわばりにとどまった若鳥である．このような手伝い個体が生じるには，二つの過程が必要である．まず，自らの繁殖を遅らせて親元にとどまるということ (遅延分散)，次に，とどまった個体が繁殖の手伝いをするということである[1]．アカオオハシモズもまた，この典型的なパターンである．

繁殖の手伝いはいろいろな利益があるとされている．よく取り上げられるのは，血縁個体を通じて間接的に利益があるというものだ．なわばりや配偶者を得るという直接的な利益もある．これらの手伝い個体の利益については第 6 章で詳しく述べた．しかし，ほとんどの種では，手伝いによって得られる利益は，自ら独立して繁殖するときに得られる利益より小さい．アカオオハシモズでは，手伝いの効果が見出されないので (第 6 章)，間接的利益はあったとしても非常に小さいだろう．やはり，独立繁殖する方が利益が大きくなると考えられる．一般的には，手伝い行動は，独立繁殖が制限された結果，次善の策として採用されていると考えられる．アカオオハシモズの場合も，これまでのところでは次善の策ということになるだろう (第 7 章)．したがって，協同繁殖の進化について説明するには，二つの過程のうち，なぜ若鳥が遅延分散するのかという点に絞られることになる．

10.2　生態学的制限仮説

そこで登場したのが生態学的制限仮説と[2]，対抗として登場した土地執着仮説である[3,4]．前者は，繁殖するための土地が飽和状態になっていることや，配偶者の数が限られているなどの生態学的な制限要因のために，若鳥は繁殖に参加したくともできないという仮説である．後者は，その土地にとどまることで質のよいなわばりを得られることや，生存率が改善できるなど，親元のなわばりにいることで得られる利益のためにとどまるとするものである．結局のところ，この二つの仮説は，親元を離れていくこと（分散）のコストを強調するのか，あるいはとどまることの利益を強調するのかだけの違いであり，本質的な差はないと考えられるようになった[1,2]．現在は両者を統合した形での生態学的制限仮説が協同繁殖の維持を説明するものとして広く支持されている．

生態学的制限仮説は多くの研究によって支持されており，独立繁殖を制限する要因としては，なわばりの不足，分散に伴う高い死亡率，配偶者の不足，などがあげられる．アカオオハシモズでは配偶者の不足が主要因であると示唆された（第7章）．ルリオーストラリアムシクイ *Malurus cyaneus* の操作実験によると，個体群から繁殖オスを除去するとあちらこちらで家族群の解体が起こって再編成がおき，非繁殖オスがなわばりをもつようになった．また，繁殖ペアごと取り除いて，空きなわばりはあるが，配偶者がいない状況を作ってやると周囲の非繁殖オスは独立しなかった．そこへ除去したメスを放してやるとこれとつながってなわばりをもった．したがって，この種では，生息地よりは配偶者の不足の方が重要な制限要因になっていることが分かる[5]．単一種に関する観察や操作実験は生態学的制限仮説を強力に支持してはいるが，ある種では協同繁殖が進化して一方では進化しない理由を包括的に説明することができない．というのは，このような生態学的制限というのは広く存在していて，協同繁殖種に特有というわけではないからだ[6]．非協同繁殖種でも，協同繁殖種と同じような制限があるにもかかわらず，ヘルパーが生じない．その代わりに，繁殖できない個体は放浪したり，激しい配偶競争を繰り返したりしている．また，決まってヘルパーが生じる種でも，すべての個体がヘルパーになるわけではなく，一部は放浪個体になったりしている[2]．

アカオオハシモズでは，オス単独でなわばりをもつことがなく，放浪生活を選択するオスもほとんどいない．なわばりを作る空間がないのかと思うとそういうわけではないらしい．新しいなわばりができるときには，なわばりとなわばりの小さな隙間に無理矢理入り込むようなことが多く，土地の資源が飽和状態にあるとは考えにくい．新しいなわばりができるときはオス単独でつくるのではなく，ペアでつくっている．隣接なわばりとのなわばり維持闘争を，オス単独でするのは困難なのでペア相手がいるときにしか独立できないのかもしれない (第 6 章)．第 7 章では死亡率の性差を生み出す生態学的制限が配偶者の不足を生み，遅延分散につながることを示唆した．このことはアカオオハシモズの協同繁殖を進化させるのに重要な要因であったかもしれない．しかし，他の協同繁殖種では雌雄ともにヘルパーを生じるものがたくさんあり，配偶者不足だけが要因であるとは考えにくい．したがって，アカオオハシモズで死亡率の性差が協同繁殖を促したとしても，単にこの種に特異的な条件であって，究極的に協同繁殖種共通の淘汰圧であるとは考えられない．

近縁の協同繁殖種と非協同繁殖種の比較では，生息地の特性と協同繁殖のつながりが示唆されている[7]．オオハシモズ科では詳細な生態学研究が行われているのはアカオオハシモズだけであり，到底比較研究できる段階にはない．しかし，チェバートオオハシモズ，ハシナガオオハシモズ，シロガシラオオハシモズでは協同繁殖が報告されている（第9章）．一夫一妻が報告されているオオハシモズ類も多いが（第9章），協同繁殖の割合が高い系統（科）であると言えるかもしれない．

最近行われた研究では，冬が暖かく，温度変化が少ない環境と協同繁殖が関連しており，採餌生態は関係がないという結果も出ている[8]．面白いことに科レベルで比較した場合は生態学的特性が特に影響しないという結果が出ている[8]．このことから，ある特定の系統内で，協同を誘発するような生態学的条件を備えた種が協同繁殖をするように進化すると考えられた[8]．

どのようなグループで協同繁殖が生じやすいかという議論の際によく引き合いに出されるのだが，協同繁殖の発生は地理的な偏りがある．極地方や温帯には少なく，熱帯に多い．また，オーストラリアに特に多い[9]（10パーセントが協同繁殖鳥[10]）．オーストラリアにおける比較研究で，協同繁殖種は昆虫食のものが最も普通で，食餌が不足しない安定した季節性のない生息地にすむことが分かった[11]．しかし，この比較結果はオーストラリアを中心に分布する系統を反映しているかもしれない[12]．

マダガスカルは緯度的にはオーストラリアの低緯度側と同じであり，協同繁殖がインド洋をはさんで両側に進化していることは何らかの共通要素があるのではないかと期待させる．緯度がほぼ同じであれば，餌が豊富で季節変化が小さいということが共通していて，両地で必然的に協同繁殖が生じるのかもしれない．しかし，オーストラリアとマダガスカルで餌量や季節変化を比較できるほどの生態学的データはまだない．そもそも，マダガスカルの鳥類には，どの程度協同繁殖が広がっているかという知見はオオハシモズ科でようやくその一部が見えてきた程度なので，このような比較はいささか早計であるように思われる．

生態学的制限仮説に基づいた比較研究は，多くの協同繁殖種が季節性の少ない環境に生息するなどの共通の要素を見つけ出したが，全体的に見れば，協同繁殖を進化させる決定的な生態学的特性は今のところ見つかってはいないと言える．

10.3　生活史形質仮説

そこで，協同繁殖に結びつきやすい生活史形質の存在が提唱されるようになった[8,13]．生活史形質仮説は，クラッチサイズや分散，寿命といった生活史形質が協同繁殖の進化に重要であることを強調する．生活史形質は鳥類の進化の中で非常に保守的な形質と考えられ，一つの系統内で共通であることが多い．したがって，協同繁殖がある系統に偏って見出されることをうまく説明できるかもしれない．最近行われた比較研究では，(1)協同繁殖は特定の科に集中して生じる．(2)協同繁殖は，低い成鳥死亡率と小さいクラッチサイズが強く相関している．(3)この低い成鳥死亡率は，なわばりへの定着性，低緯度，小さい環境変動と相関している．(4)科当たりの協同繁殖種割合は，年死亡率の科の代表値と相関している，ことが分かった[14]．この最後の項目は低い死亡率こそが協同繁殖を促すのであって，協同繁殖の結果死亡率が低いのではないことを示していると解釈できる[14]．ある特定の系統内で，協同繁殖が生じやすいと考えられる．

アカオオハシモズでは，成鳥の死亡率が20パーセント前後と低く，クラッチサイズは4と小さく，なわばりへの定着性は，少なくともオスについては，大変強い．このような生活史形質は，他の協同繁殖鳥と共通しており，アカオオハシモズは協同繁殖を獲得しやすい性質を元々持っていたと考えられるだろう．

生活史形質仮説は適当な生活史形質をもつ系統でのみ協同繁殖が生じることを予測し，一方で，生態学的制限仮説はどんな種であれ，適当な環境下におかれれば協同繁殖することを示唆している[10]．しかし，系統分析の結果から明らかなように，協同繁殖は必ずしも保守的形質というわけではない．協同繁殖が進化した後，同属内で非協同繁殖種が分化した場合もある[15]．協同繁殖種の中でも，かなりの割合の繁殖ペアが典型的な一夫一妻で繁殖するのが普通であり，社会構成の変異は種ごとにかなり広い[1]．つまり，協同繁殖種の社会システムは固定的なものではない．また，このことは非協同繁殖種にも当てはまる．生活史形質仮説にしたがえば，どんな非協同繁殖種にしろ適当な生活史形質をもつならば，つまり元来協同繁殖になりやすい系統であるならば，しかるべき生態学的環境におかれれば協同繁殖をするようになると期待される．重要なことは，このことが逆でも成り立つかということだ．非協同繁殖の系統に属する種では，生活史形質が協同繁殖に適していないということのために，どんな場合でも協同繁殖が生じないのかということである．しかし，ツバメ[16] などのように表面上は非協同繁殖の系統でも，時折手伝い行動が見られるという報告がある．協同繁殖の系統と非協同繁殖の系統の違いはそれほどはっきりしているわけではない．その上，二つの仮説のどちらから見ても例外となる種がある．例えば，エナガは成鳥生存率が低く，生息地の飽和もないが，協同繁殖をする[10,17]．反対に，ほとんどの海鳥は，高い生存率や遅延繁殖などの協同繁殖種の共通形質をもっているにもかかわらず協同繁殖をしない[10]．すべての例を単一のモデルで説明しようとすること自体が非現実的かもしれないが，種ごとにかなりの変異があって説明しきれないという事実がある．したがって，協同繁殖が生じるかどうかは，生活史形質が前提条件であり，生態学的制限が誘発要因であるとすること自体が不自然だとする見解もある[10]．協同繁殖におけるそれぞれのシステムは，それぞれ別の淘汰圧の結果だと考えるべきかもしれない．

10.4　アカオオハシモズ研究がこれからたどる道

こういった議論にアカオオハシモズの研究がどのように貢献できるだろうか．まず，オオハシモズ科が，協同繁殖を誘発しやすい系統と言えるかどうかという問題では，そういった系統の一つということになりそうだ（第 8，9 章）．しかし，オオハシモズ科はマダガスカルに固有の科なので，協同繁殖種に共通の生活史形質を持っているのではなくて，単にマダガスカルという共通の生態学的特性を持っているだけなのかもしれない．科内の系統関係で言えば，必ずしも系統が協同の社会を反映しているとは言えないので（第 8，9 章），オオハシモズ科内における社会システムの違いが，生活史形質の違いによるのか，生態学的特性が違うからなのかを比較研究する価値はあるかもしれない．このためには基本的な生態がまだ知られていないオオハシモズ類の研究を今後も精力的に継続することが重要であろう．

アカオオハシモズとヘルメットオオハシモズは非常に近縁であることが系統解析の研究から明らかであるが（第 8 章），この 2 種の社会は，前者が協同繁殖であるのに対して，後者は一夫一妻であるといった違いを見せている（第 9 章）．ヘルメットオオハシモズの生態はまだ詳細が明らかではないが，このような事例を見ると，最終的にどのような社会システムをもつか，つまり，協同繁殖を生じるかどうかは，やはり生態学的特性が重要であると考えざるを得ない．

そこで，もう一方のアプローチとして，詳細の分かっているアカオオハシモズに関して，生態学的特性が異なる地域の個体群を比較することが考えられる．死亡率の性差が，オス余りを引き起こし，その結果ヘルパーが生じるとすれば，同じアカオオハシモズでも，死亡率の性差が生じないような環境の個体群では協同繁殖が見られないだろうと予測できる．この点で，降雨林と乾燥林でのアカオオハシモズの社会を比較することは重要であろう．

いずれにしても，この章で取り上げた協同繁殖の進化ということに答えるためには，この本の中で紹介した研究だけでは不十分だろう．他の協同繁殖鳥の研究と同様，本種の協同繁殖がどのように維持されているのかという点にはある一定の成果を上げることができたが，さらにこれを越えて進化の謎に迫るにはまだまだ道のりは遠い．

引用文献

1）Emlen, S. T. (1991) Evolution of cooperative breeding in birds and mammals. In Behavioural Ecology (eds. Krebs, J. R. and Davies, N. B.), pp. 305-337, Blackwell Scientific, Oxford (邦訳：「進化からみた行動生態学」山岸哲，巌佐庸監訳，蒼樹書房，東京)．

2）Koenig, W. D., Pitelka, F. A., Carmen, W. J., Mumme, R. L. and Stanback, M. T. (1992) The evolution of delayed dispersal in cooperative breeders. Quarterly Review of Biology 67: 111–150.

3）Stacey, P. B. and Ligon, J. D. (1987) Territory quality and dispersal options in the acorn woodpecker, and a challenge to the habitatsaturation model of cooperative breeding. American Naturalist 130: 654-676.

4) Stacey, P. B. and Ligon, J. D. (1991) The benefits-of-philopatry hypothesis for the evolution of cooperative breeding: variation in territory quality and group size effects. American Naturalist 137: 831-846.

5) Pruett-Jones, S. G. and Lewis, M. J. (1990) Sex ratio and habitat limitation promote delayed dispersal in superb fairy wrens. Nature 348: 541-542.

6) Smith, J. N. M. (1990) Summary. In: Cooperative Breeding in Birds: Long-term Studies of Ecology and Behavior (eds. Stacey, P. B. and Koenig, W. D.), pp. 593-611, Cambridge University Press, Cambridge.

7) Zack, S. and Ligon, J. D. (1985) Cooperative breeding in *Lanius* shrikes. I. Habitat and demography of two sympatric species. Auk 102: 754-765.

8) Arnold, K. E. and Owens, I. P. F. (1999) Cooperative breeding in birds: the role of ecology. Behavioral Ecology 10: 465-471.

9) Brown, J. L. (1987) Helping and Communal Breeding in Birds. Princeton University Press, Princeton.

10) Hatchwell, B. J. and Komdeur, J. (2000) Ecological constraints, life history traits and the evolution of cooperative breeding. Animal Behaviour 59: 1079-1086.

11) Ford, H. A., Bell, H., Nias, R. and Noske, R. (1988) The relationship between ecology and the incidence of cooperative breeding in Australian birds. Behavioral Ecology and Sociobiology 22: 239-249.

12) Cockburn, A. (1991) An Introduction to Evolutionary Ecology. Blackwell Scientific, Oxford.

13) Rowley, I. and Russell, E. M. (1990) Splendid fairy-wrens: demonstrating the importance of longevity. In: Cooperative Breeding in Birds: Long-term Studies of Ecology and Behavior (eds. Stacey, P. B. and Koenig, W. D.), pp. 1-30, Cambridge University Press, Cambridge.

14) Arnold, K. E. and Owens, I. P. F. (1998) Cooperative breeding in birds: a comparative test of the life history hypothesis. Proceedings of the Royal Society of London Series B 265: 739-745.

15) Peterson, A. T. and Burt, D. B. (1992) Phylogenetic history of social evolution and habitat use in the *Aphelocoma* jays. Animal Behaviour 44:

859-866.
16) Myers, G. R. and Waller, D. W. (1977) Helpers at the nest in barn swallows. Auk 94: 596.
17) 上野吉雄・佐藤英樹 (2001) 広島県沿岸部におけるエナガのつがい形成と冬季群形成. 日本鳥学会誌 50：71-84.

あとがき

山岸　哲

「ご専門は何ですか？」とたずねられると，片岡千恵蔵扮する名探偵多羅尾伴内ではないが，あるときは「動物社会学」，あるときは「動物生態学」，はたまたあるときは「動物行動学です」などと私はお答えしてきた．節操のないことおびただしいが，さらに興がのると「鳥類学です」とか「自然史学です」などと相手を煙にまいていたこともある．要するに自分でも自分の専門がよくわかっていないということなのだろう．

だが本当のことを言うと，私は「トリ学」というのが好きである．これはもちろん，すでに世に広く認知されている「サル学」を意識してのことだ．サル学のセンターとして有名な京都大学霊長類研究所にあたる国立の鳥類研究機関がなぜ存在しないのだろうと，幾分のひがみも込めて私はこれまで嘆き続けてきた．「鳥の社会生態の研究をサルのそれに一歩でも近づけたい（学問の内容だけでなく，学問の社会的地位も含めて）」というのが，私のひそかな願いだったのである．その目標は少しは果たせただろうか．この問いかけが，本書の帯のやや挑戦的ですらある「トリ学はサル学に追いついたか」というキャッチコピーに込められている．そうだとすると，私の専門は「鳥類学です」と言っても少しもおかしくないことになる．そんなわけで，もちろん本書は鳥の好きな人たちに読んでいただきたいが，同時にサルの研究者の方にも読んでいただき忌憚のない評価を頂戴したいと願っている．

研究の舞台はマダガスカル島である．この島は生き物が好きな人なら誰でも一度は行ってみたいとあこがれる島である．皆があこがれる最大の理由は，

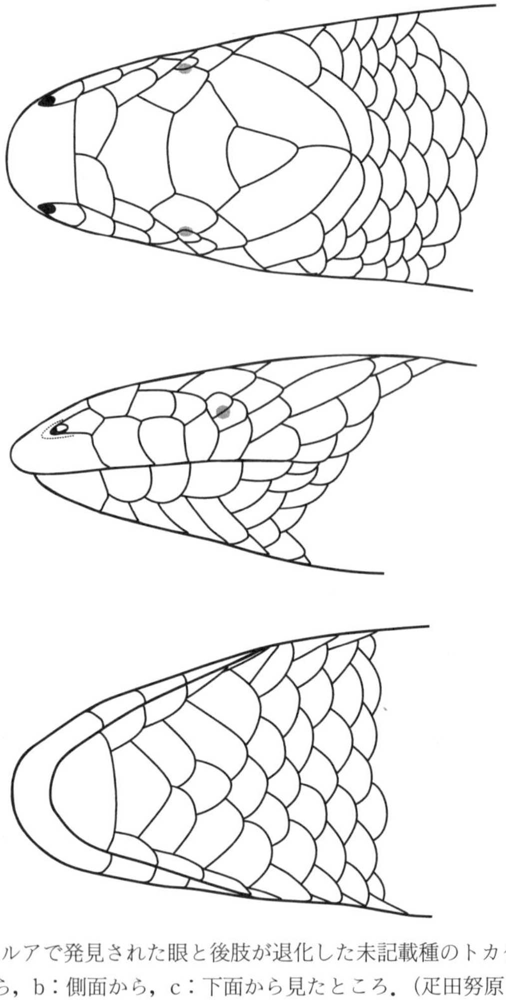

アンピジュルアで発見された眼と後肢が退化した未記載種のトカゲの頭部．
a：上面から，b：側面から，c：下面から見たところ．（疋田努原図）

この島のほとんどの生き物が固有種であり，しかも脊椎動物の新種が毎年のように発見される宝島のような島だからだ．私たちの研究舞台アンピジュルアでも，隊員の一人疋田努さん（京都大学大学院理学研究科動物学教室）によって新属新種のトカゲが現在記載されつつある．このトカゲは不思議なことに前肢は残っているのに，眼と後肢が退化してしまっている（前頁の図参照）．スキンク（トカゲ）の仲間では前肢や前後肢が退化するものはあっても，後肢だけがなくなるものは大変珍しいのだそうだ．おそらく土の中でミミズやトビムシを食べて生活しているのだろうと想像されるが，残った前肢は一体何に使われているのだろうか．疋田さんはその珍物の学名に私の名前を冠してくれるそうだ．なんとも研究代表者冥利に尽きる話である．

少し本題を外れたが，要するに本書の主人公アカオオハシモズ*Schetba rufa*もこうしたマダガスカル島固有種の一つであると言いたかったのだ．研究のねらいは，このアカオオハシモズを中心に据え，分子生物学，遺伝学，生理学，形態学，分類学，系統学，個体群生態学，群集生態学，動物行動学，動物社会学，進化学など生物学の多くの分野を総合して「アカオオハシモズの自然史」を明らかにしようとした点にある．その点では，「ご専門は？」とたずねられ，「自然史学です」と嘯いたのも，あながち嘘ではないのだ．

私はマダガスカルへ通い始めた頃から，マダガスカルに関してまったく性格の異なる４冊の本を書いてみようと思っていた．すなわち「自然紀行」，「鳥のガイドブック」，「動物の適応放散」，「鳥の社会に関する学術書」である．最初のものは『マダガスカル自然紀行』（中央公論社），２番目は『マダガスカル鳥類フィールドガイド』（海游舎），３番目は『マダガスカルの動物—その華麗な適応放散—』（裳華房）として世に出た．最後の目標が，退官を目前にしてやっと果たせたという感じである．読んでいてわくわくするような，楽しい本をつくろうというのがねらいだった．「鳥の研究がこんなに面白いのか，それではやってみようか」と若者をその気にさせることができる本になったであろうか．それは読者のご判断にお任せするしかない．

日本鳥学会の2001年度大会は京都大学の吉田キャンパスで開催された．その折に「マダガスカルの鳥──鳥から森へ」というシンポジウムがもたれたが，本書の内容はそれと大きく重複している．ただし，本書はそのシンポジウムをまとめたものではない．そのときすでに本書はほとんど脱稿していたから，シンポジウムそのものが本書の宣伝キャンペーンのようなものだったのである．

本書は三部から構成される．第I部では，「なぜこの研究がはじまったのか」，「調査地はどのようなところ」で，「どのような方法で私たちのチームがアカオオハシモズの研究に取り組んだのか」，「アカオオハシモズはどんな鳥で，他の鳥たちとどのような関わりをもって生きているのか」について述べた．第II部は本書の中心部である．記述がやや難しくなってしまったが，図表を駆使して実証的に書こうとすると，このくらい硬くなるのは仕方のないことであろう．「アカオオハシモズの繁殖生態」「アカオオハシモズのヘルパーの役割」「なぜヘルパーが生ずるのか」などについて論じた．第III部では，「アカオオハシモズがこの島で進化してきた道筋」を追い，それに「形態，行動，社会の進化」を重ね合せてみた．

それぞれの章が，ばらばらではなく，ひとつの流れに沿うように，各著者に書いていただいた原稿を私が大幅に編集し直した．そのために，ある著者が書いた記述が他の章に入ってしまったり，私が勝手に書き加えた部分もかなりある．わがままを許していただいた著者の方々にこの場を借りてお礼を申しあげたい．

野外研究には，二つのステージがあると私は常々思っている．「狩猟採取時代」と「農耕時代」である．前者は研究のテーマと調査地を探し，やたらに動き回る冒険または探険時代で，後者はテーマと調査地が決まり，じっくりと腰を据えて定住し，そこでデータを蓄積する時代である．どちらかというと，私は「狩猟採取型」が好きな性格で，ある種のルーティンワークが始まると，興味がまた別のところへ移ってしまう悪い癖がある．江口和洋さんには，こうした私の悪癖を見事にカバーしていただいた．

長期かつ総合研究であるという研究の性質から，このプロジェクトには，本書の著者たち以外にも多数の方々に参加していただいた．以下にそれらのお名前を挙げて感謝の気持ちを表したい．この10年間に現地へ実際に行っていただいた方々は，天野一葉，池内敢，福島慎吾，長谷川雅美，疋田努，堀田昌伸，岩崎文紀，小藤弘美，河野未央子，増田智久，森哲，森岡弘之，永田尚志，岡宮隆吉，斎藤千映美，武田由紀夫，谷村雅世，浦野栄一郎，山村則男の皆さんである．10年以上にわたって，これだけ大勢の方々が遠い島に渡り，事故らしい事故もなく調査に専念できたのは，各自の自覚と節制の賜物である．

日本に留まって実験など後方支援していただいた方々は，今福道夫，宮崎一岸元ますみ，西海功，下田親の皆さんである．現地で共同研究に参加して下さった方々は故Rakotoarison Nasolo，Rakotomanana Hajanirina，Rakotondraparany Felix，Rakotonindrainy Hanitra，Ramanampamonjy Julien，Randriamahazo Herilala，Randrianasolo Voara，Randrianjafy Albertの皆さんである（以上すべてアルファベット順，敬称略）．以上の皆様方の強力なご協力がなければ私たちの研究は成り立たなかったであろう．

次に，執筆者の年齢構成に注目してほしい．私が1939年，江口さんが1949年，日野さんが1959年，本多さんが1968年の生まれである．「十年一昔」というが，実に三昔（現在参加している院生まで含めれば四昔に近い）にわたるメンバーがこのプロジェクトに参加してきた．このことは今後の野外鳥類学の継承と発展を考えるとき重要なことであろうと思っている．

学術研究の成果は，研究論文として公刊されなければならないが，本書の引用文献を見ていただいてもお分かりのように，この調査隊はかなりアクティブに国際誌に論文を発表してきたと自負している．おもなものを拾いあげても Journal Animal Ecology に1篇，Journal Molecular Evolution に1篇，Ibis に6篇，Ostrich に3篇，Aavian Biology に1篇，Journal of ethology に1篇，Ornithological Science に1篇，Journal of Yamashina Ornithological Institute に5篇の論文がすでに発表されている．本書で言い尽くせなかったことや，疑問を感じられた点については，直接それらの原論文に当たっていただきたい．

研究補助金を出していただいた文部省国際学術局（当時），現地でお世話になったマダガスカル日本大使館および守谷商会，マルハ株式会社の関係者の皆様方に厚くお礼を申し上げる．研究室の法貴香織さんには図表を整えていただいた．京都大学教育研究振興財団には本書の出版補助金を出していただいた．すばらしい本に仕上げていただいた京都大学学術出版会の皆様，特に鈴木哲也氏に深く感謝したい．

最後になってしまったが，京都大学大学院理学研究科動物学教室のスタッフの皆様方には，短い間ではあったが本当に暖かい気持ちで接していただき居心地のよい毎日を過ごさせていただいた．退官にあたり本書を私の研究人生の「中締め」として感謝の印としたい．宴会で中締めというと，「お開き」のことであるが，お開きになってしまうのか中締めになるのかは，ひとえに今後の私の努力にかかっている．厳しく見守っていただきたい．

平成14年3月　京都大学退官を前にして

索　　引（種名索引/人名索引/事項・地名索引）

種 名 索 引

Ithycyphus miniatus (ヘビ類) 121
Oplurus cuvieri (ブキオトカゲの1種) 121
アカオオハシモズ *Schetba rufa* 2, 7, 9, 11, 13, 15, 20, 25, 28, 42, 49-50, 52-53, 55, 59-60, 63, 65-66, 69-71, 74-75, 82-83, 85-93, 95-97, 99-101, 107, 109-110, 112-113, 118-125, 129-131, 136, 138, 140-142, 146-147, 151, 153-156, 164, 166, 168, 172-174, 177, 179-181, 192, 195, 197-201, 208-209, 212, 215, 218, 220, 223-224, 226, 231-236, 241-249
アカボウシジカッコウ *Coua ruficeps* 26
アフリカバンケン *Centropus toulon* 222
アラビアヤブチメドリ *Turdoides squamiceps* 144
アルダブラタイヨウチョウ *Nectarinia souimanga* 92
エナガ *Aegithalos caudatus* 69, 85, 247
オオツチスドリ *Corcorax melanorhamphos* 144
オオハシモズ科 25-28, 32, 74, 103, 178-184, 186, 188-196, 202-203, 207, 245, 248
オオヨシキリ *Acrocephalus arundinaceus* 167-168
カギハシオオハシモズ *Vanga curvirostris* 103, 181, 182, 184, 192, 199-201, 210, 227-229, 235
カタアカオオハシモズ *Calicalicus rufocarpalis* 179-181, 187, 196
カラ類 69-70, 85
カンムリジカッコウ *Coua cristata* 26, 92, 222
キイロマミヤイロチョウ *Philepitta schlegeli* 26
キンカチョウ *Poephila guttata* 100-101

クビワニセムシクイチメドリ *Neomixis tenella* 92
クロアゴオオハシモズ *Xenopirostris xenopirostris* 181, 187, 210
クロオオハシモズ *Oriolia bernieri* 181, 192, 209, 213, 216, 230-231, 233-235
クロノドオオハシモズ *Xenopirostris polleni* 181, 187, 210, 235
クロヒヨドリ *Hypsipetes madagascariensis* 92
クロミミヤブガラ *Psaltriparus melanotis* 12
コウライウグイス科 184
ゴジュウカラオオハシモズ *Hyposittacorallirostris* 179, 181-182, 184, 192, 200, 202, 210
サギ科 25
サボテンミソサザイ *Campylorhynchus megalopterus* 12, 174
シジュウカラ *Parus major* 69, 85-86
シリアカオオハシモズ *Calicalicus madagascariensis* 179-181, 187, 192, 196-201, 212
シロノドオオハシモズ *Xenopirostris damii* 6, 26, 181, 187, 192, 210, 212-213, 223-225, 230, 233
シロハラハイタカ *Accipter francesii* 29, 87
スズメ目 25, 54
セーシェルズヨシキリ *Acrocephalus sechellensis* 155
セグロヤブモズ *Laniarius ferrugineus* 187
ダーウィンフィンチ類 218-219, 234
タカ科 25

タテジマサボテンミソサザイ 174
チェバートオオハシモズ *Leptopterus chabert* 32, 129, 181, 192, 196, 200-201, 231-236, 245
チャイロカケス *Psilorhinus morio* 12
テトラカヒヨドリ *Phyllastrephus madagascariensis* 8, 29-30, 74-76, 80, 83, 85, 89, 119-120
ナイルワニ *Crocodylus niloticus* 5, 32-33
ニシジカッコウ *Coua coquereli* 26
ニュートンヒタキ *Newtonia brunneicauda* 8, 74-76, 80, 83, 85, 89, 187, 190, 192, 212, 236
ハイムネメジロ *Zosterops lateralis* 100
ハシナガオオハシモズ *Falculea palliata* 31-32, 129, 181, 185, 192, 195, 197, 200-202, 210, 213, 225-228, 232-236, 245
ハシボソオオハシモズ *Tylas eduardi* 180-181, 192, 200, 210
ハタオリドリ類 207
ヒガラ *Parus ater* 69, 85
ヒヨドリ科 180, 182, 184, 189
フエガラス科 190
ブラウンキツネザル *Eulemur fulvus fulvus* 87, 96, 121, 222
ヘルメットオオハシモズ *Euryceros prevostii* 104, 181-182, 192, 195, 197, 199-202, 209, 212, 215-220, 225, 229-230, 233, 235, 248
ボア 3, 87
ホオジロシマアカゲラ *Picoides borealis* 155
マダガスカルウミワシ *Haliaeetus vociferoides* 31
マダガスカルオウチュウ *Dicrurus forficatus* 8, 74-75
マダガスカルオオサンショウクイ *Coracina cinerea* 8, 74, 76, 80, 89
マダガスカルオオタカ *Accipiter henstii* 123
マダガスカルサンコウチョウ *Terpsiphone mutata* 8, 28, 71, 74-75, 76, 80, 83, 85, 88-90, 231
マダガスカルハイタカ *Accipter madagascariensis* 87
マダガスカルヒヨドリ *Tylas eduardi* 180
マダガスカルモズ科 182
マダガスカルヨタカ *Caprimulgus madagascariensis* 29
マミジロヤブムシクイ *Sericornis f. frontalis* 137, 141
ムナジロクイナモドキ *Mesitornis variegata* 26, 120
メガネモズ類 190
ユーカリ *Eucalyptus citriodora* 19, 31
ヨーロッパカヤクグリ *Prunella modularis* 107, 129, 137
ルリイロオオハシモズ *Cyanolanius madagascariensis* 8, 74-76, 87, 89, 179, 181, 192, 196, 198-200, 212, 233
ルリオーストラリアムシクイ *Malurus cyaneus* 243
ワニの木 (hazomvoay) *Hura crepitans* 19
ワライカワセミ *Dacelo novaeguineae* 141

人名索引

Emlen, S. T. 127, 154
Slagsvold, T. 113
Craig, J. L. 145
Hamilton, W. D. 13, 127
Jamieson, I. G. 145
Lifjeld, J. T. 113
Ligon, J. D. 145-146
Stacey, P. B. 145-146

事項・地名索引

編者，著者紹介

編著者

山岸　哲（やまぎし　さとし）
1939年　長野県に生まれる．
信州大学教育学部卒業．大阪市立大学理学部教授をへて，
現在　京都大学大学院理学研究科教授，山階鳥類研究所副所長（併任）．理学博士．
おもな編著書
　マダガスカル自然紀行（中央公論社）
　マダガスカルの動物―その華麗なる適応放散―（裳華房）
　マダガスカル鳥類フィールドガイド（海游舎）
　オシドリは浮気をしないのか（中央公論新社）
　これからの鳥類学（裳華房）

江口和洋（えぐち　ひろかず）
1949年　福岡県に生まれる．
九州大学大学院理学研究科博士課程修了．理学博士．
現在　九州大学大学院理学研究院助手．

中村雅彦（なかむら　まさひこ）
1958年　長野県に生まれる．
大阪市立大学大学院理学研究科博士課程単位取得退学．理学博士．
現在　上越教育大学助教授．

日野輝明（ひの　てるあき）
1959年　宮崎県に生まれる．
北海道大学大学院農学研究科博士課程修了．農学博士．
現在　森林総合研究所関西支所野生鳥獣類管理チーム長．

本多正尚（ほんだ　まさなお）
1968年　茨城県に生まれる．
京都大学大学院理学研究科博士課程修了．理学博士．
現在　琉球大学熱帯生物圏研究センター特別研究員．

水田　拓（みずた　たく）
1970年　京都府に生まれる．
京都大学大学院理学研究科博士課程修了．理学博士．
現在　京都大学大学院理学研究科研修員．

浅井　芝樹（あさい　しげき）
1973年　兵庫県に生まれる．
京都大学大学院理学研究科博士課程修了．理学博士．
現在　京都大学大学院理学研究科院生．

アカオオハシモズの社会

2002（平成14）年3月10日　初版第一刷発行

編集者　　山 岸　哲
発行人　　佐 藤 文 隆

発行所　京都大学学術出版会
京都市左京区吉田河原町15 9
京大会館内（〒606-8305）
電話（075）761-6182
FAX（075）761-6190
Home Page http://www.kyoto-up.gr.jp

ISBN 4-87698-440-9
Printed in Japan

印刷・製本　㈱クイックス
定価はカバーに表示してあります